内燃机先进技术译丛

实际行驶排放测试（RDE）

[德] 赫尔穆特·乔克（Helmut Tschöke） 著

倪计民团队 译

机械工业出版社

本书基于新的实际行驶排放测试（RDE）法规要求写作，主要内容包括 RDE 背景和动机、RDE 立法基础知识、RDE 试验程序、数据处理与评估、RDE 测量技术、基于 RDE 的乘用车方案设计、应用过程中的方法、基于 RDE 的商用车方案设计、排放扩散、颗粒物和 NO_2 对健康的真正危害，以及对未来的展望。

本书适合内燃机排放相关立法及制定标准的研究人员、内燃机工程技术人员、废气后处理研究及测试人员阅读使用，也适合大专院校热能工程、车辆工程专业师生阅读参考。

First published in German under the title

Real Driving Emissions（RDE）：Gesetzgebung, Vorgehensweise, Messtechnik, Motorische Maßnahmen, Abgasnachbehandlung, Auswirkungen

edited by Helmut Tschöke

Copyright © Springer Fachmedien Wiesbaden GmbH, ein Teil von Springer Nature, 2019

This edition has been translated and published under licence from Springer Fachmedien Wiesbaden GmbH, part of Springer Nature.

图书在版编目(CIP)数据

实际行驶排放测试：RDE／（德）赫尔穆特·乔克著；倪计民团队译 . —北京：机械工业出版社，2022.9

（内燃机先进技术译丛）

ISBN 978-7-111-71808-6

Ⅰ. ①实… Ⅱ. ①赫… ②倪… Ⅲ. ①内燃机 - 烟气排放 Ⅳ. ①TK401

中国版本图书馆 CIP 数据核字（2022）第 189400 号

机械工业出版社（北京市百万庄大街 22 号 邮政编码 100037）
策划编辑：孙 鹏 责任编辑：孙 鹏 王 婕
责任校对：樊钟英 贾立萍 封面设计：鞠 杨
责任印制：张 博
北京建宏印刷有限公司印刷
2023 年 1 月第 1 版第 1 次印刷
169mm×239mm・9.25 印张・14 插页・184 千字
标准书号：ISBN 978-7-111-71808-6
定价：99.00 元

丛书序

我国的内燃机工业在几代人前赴后继的努力下，已经取得了辉煌的成绩。从1908年中国内燃机工业诞生至今的一百多年里，中国内燃机工业从无到有，从弱到强，走出了一条自强自立、奋发有为的发展道路。2017年，我国内燃机产量已突破8000万台，总功率突破26.6亿千瓦，我国已是世界内燃机第一生产大国，产量约占世界总产量的三分之一。

内燃机是人类历史上目前已知的效率最高的动力机械之一。到目前为止，内燃机是包括汽车、工程机械、农业机械、船舶、军用装备在内的所有行走机械中的主流动力传统装置，但内燃机目前仍主要依靠石油燃料工作，每年所消耗的石油占全国总耗油量的60%以上。目前，我国一半以上的石油是靠进口，国家每年在石油进口上花费超万亿美元。国务院关于《"十三五"节能减排综合工作方案》的通知已经印发，明确表明将继续狠抓节能减排和环境保护。内燃机是目前和今后实现节能减排最具潜力、效果最为直观明显的产品，为实现我国2030年左右二氧化碳排放达到峰值且将努力早日达峰的总目标，内燃机行业节能减排的责任重大。

如何推进我国内燃机工业由大变强？开源、节流、高效！"开源"就是要寻求石油替代燃料，实现能源多元化发展。"节流"应该以降低油耗为中心，开展新技术的研究和应用。"高效"是指从技术、关联部件、总成系统的角度出发，用智能模式全方位提高内燃机的热效率。我国内燃机的热效率从过去不到20%提升至汽油机超30%、柴油机超40%、先进柴油机超50%，得益于包括燃油喷射系统、电控、高压共轨、汽油机缸内直喷、增压系统、废气再循环等在内的先进技术的研究和应用。除此之外，降低发动机本身的重量，提高功率密度和体积密度也应得到重视。完全掌握以上技术对我国自主开发能力具有重要意义，也是实现我国由内燃机制造大国向强国迈进的基础。

技术进步和技术人员队伍的培养不能缺少高水平技术图书的知识传播作用。但遗憾的是，近十几年，国内高水平的内燃机技术图书品种较少，不能满足广大内燃机技术人员日益增长的知识需求。为此，机械工业出版社以服务行业发展为使命，针对行业需求规划出版"内燃机先进技术译丛"，下大力气，花大成本，组织行业内的专家，引进翻译了一批高水平的国外内燃机经典著作。涵盖了技术手册、整机技术、设计技术、测试技术、控制技术、关键零部件技术、内燃机管理技术、流程管理技术等。从规划的图书看，都是国外著名出版社多次再版的经典图书，这对于我国内燃机行业技术的发展颇具借鉴意义。

据我了解，"内燃机先进技术译丛"的翻译出版组织工作中，特别注重专业性。参与翻译工作的译者均为在内燃机专业浸淫多年的专家学者，其中不乏知名的行业领军人物和学界泰斗。正是他们的辛勤工作，成就了这套丛书的专业品质。年过8旬的高宗英教授认真组织、批阅删改，反复修改的稿件超过半米高；75岁的范明强教授翻译3本，参与翻译1本；倪计民教授在繁重的教学、科研、产业服务之余，组织翻译6本德文著作。翻译人员对于行业的热爱，对知识传播和人才培养的重视，体现出了我国内燃机专家乐于奉献、重视知识传承的行业作风！

祝陆续出版的"内燃机先进技术译丛"取得行业认可，并为行业技术发展起到推动作用！

译者的话

自 1979 年读大学结缘内燃机，我对汽车内燃机的节能和减排就情有独钟，硕士研究生学位论文的内容也是有关纯甲醇发动机的性能和排放研究，毕业后也一直没有离开节能和减排的研究领域。

我国 1983 年出台了第一个国家排放标准，但由于多种原因，在 1989 年之前，这个标准都没有实施。1992—1993 年，我在德国布伦瑞克工业大学进修期间，曾与 Müller 教授有过交流。他问及我的研究领域，我回答说是排放，他说在他的研究课题中，测量（分析）排放是最基本的，这也引发我以不同的视角重新审视对排放的研究。1998 年，我参加了上海市的机动车排放地方标准的制定工作；2005 年在柏林工业大学做高级访问学者，对整车和发动机的排放控制有了更深层次的思考。

作为中德工程学院汽车服务工程专业中方协调员，我在 2018 年的德国专业协调员会议上认识了科堡应用技术大学的 Gnuschke 教授（德国相关高校的协调员），说来很是有缘分，他是十几位协调员中为数不多的内燃机专业教授，而且在学生时代又是柏林工业大学内燃机研究所 Pucher 教授的博士生，对排放测试和排放标准有独到的研究。在他的努力下，我们申请到了德国巴伐利亚的"基于中国和欧盟排放法规的 RDE 排放测试的进一步开发"（BayCHINA）项目，从此开始了国际间车辆未来排放的合作研究。通过对政策和市场的了解与分析，我们建立起了中德双方包括科堡应用技术大学、德国大众、道依茨（Deutz）公司、德国崛场（Horiba）公司、同济大学、上海机动车检测中心（SMVIC）、上汽大众（SVW）、中国 Horiba 在内的合作团队，从政府政策—试验认证（型式认证）—产品开发—试验技术和控制技术等方面进行紧密联系和有效合作，从中发现了一些问题，也梳理了开发流程。

恰好，我也在德国的网站上发现了这本书，自然对它的作用有更深的理解。针对目前关于 Euro 6、国六排放法规的讨论，我认为翻译出版对于更有效地制定和了解 RDE 排放、有效开发降低排放的技术还是很有意义的。

在这里要特别感谢机械工业出版社孙鹏先生，他精心组织、协调版权申请，承担了许多出版流程必需的工作，促成了本书出版工作的顺利进行。与孙鹏先生的合作从最初的单纯出几本书，进而达成对推动汽车内燃机行业发展，对教育、知识和技术传播的共识，我们的合作也变得越来越密切和默契。

特别感谢原机械工业部何光远老部长为本书（译丛）作序。近些年，与何部长见面的机会不少。何部长的关于"中国汽车工业的发展在于自主开发，而自主开发的关键是零部件"指明了中国汽车和内燃机工业的发展方向。何部长为本丛书作序，不仅是对我这个晚辈的关爱和鼓励，更是对致力于内燃机工业发展的业内同行们的支持。

在何部长的序中提到了 6 本书的翻译出版计划，尽管时间比计划有所推迟，所幸最终还是完成了目标，也许还会超额完成目标。

本书由同济大学汽车学院汽车发动机节能与排放控制研究所倪计民团队负责翻译：同济大学汽车学院研究生郑腾，翻译第 1 ~ 5 章；同济大学汽车学院博士生刘勇，翻译第 6 ~ 11 章；倪计民翻译其他内容并负责全书的二次校对。

感谢同济大学汽车学院汽车发动机节能与排放控制研究所石秀勇副教授和团队的所有成员（已毕业和在校的博士生、硕士生）为团队的发展以及本书的出版所做出的贡献。

实际上，本团队自 1996 年组建以来还有很多同学参与了外文书籍（德文、英文）和资料的翻译，因此还要感谢那些参与团队资料（书籍）翻译，但没有得到出版机会的同学们所做的贡献。

感谢我的太太汪静女士和儿子倪一翔先生对我的支持和鼓励！期待我的"后浪"在专业和德语方面超越"前浪"。

如果说内燃机将要终结，那么这一系列书籍可以作为对学科、领域、行业的知识和技术的回顾总结；如果内燃机仍将另辟蹊径继续前行，那么也更应该了解目前的技术状态，以便在有限的资源和时间内高起点地发展和创新。当然，无论如何，也可以从这些技术和经验积累中，学到更多的创新流程和方法。某一种应用的形式在一定的时期和领域或许会被取代，但创新和研究的精神将会永存。

倪计民

2021. 8

序

近年来，交通运输与气候变化和环境保护经常成为公众辩论的主题。但是，正如柴油机排放丑闻和有关柴油机－乘用车行驶禁令的讨论所表明的那样，在我们的城市中，更高的空气质量目标还远远没有达到。2017 年，城市中与交通有关的测量点有 44% 超过了欧盟（EU）设定的年度二氧化氮的年平均限制值。过去，德国联邦环境局（UBA）一直公开指出这种空气质量状况不尽人意，并致力于进一步发展欧洲的排放法规。

欧盟（EU）在 21 世纪初对这种情况做出了反应，并开始开发一种测量发动机实际运行中排放的方法（RDE）。RDE 测量旨在提供在道路上行驶时测得的发动机更真实的排放场景。同时，应确保车辆制造商使用废气后处理系统，以有效地减少实际行驶运行中几乎所有运行状态下的空气污染物排放。UBA 从一开始就支持引入 RDE。鉴于已经出台的、可能的进一步的行驶禁令，以及二氧化氮的空气质量限制值和买家之间的相关不确定性，排放标准 Euro 6d－TEMP 和 Euro 6d 将是很重要的，它们可以为购买者在选择车辆时提供指导。此外，作为与其他措施相关的组成部分，可以通过新车所预期的更低的排放量来改善城市未来的空气质量。

但是，从我们的角度来看，重要的是 RDE 方法的开发及其在欧盟法规中的实施，还必须考虑到在第三个 RDE 包中的颗粒物数量和冷起动问题，以及在第四个 RDE 包中正在运行的乘用车的一致性的控制受法律管制。只有通过苛刻的和具有约束力的法规才能确保在实际行驶条件下减少废气排放。

尽早考虑排放标准为 Euro 6c 的颗粒物排放，以及与 Euro 6d－TEMP 相比，提前一年提出的新注册的法律义务，以及立即采用最终的符合性系数，可以确保所需的颗粒物减少系统在市场上尽早在一定的范围应用。

与较早实施的检查废气限制值的测量相比，在 RDE 试验框架范围内，可能的运行状态的广度是向前迈出的重要一步，并且在原则上也非常受欢迎。但是，将来在这方面至关重要的是，在预防性环保的意义上，参与型式认可和检查运行中的车辆是否合格的参与者要检查发动机所有可能的运行状态下的排放特性。因此，通过尽可能全面地选择路线和行驶路谱以及其他边界条件，可以确保车辆在道路上的所有应用场景中均符合 RDE 要求。

随着所谓的框架指导方针 2007/46/EC 的进一步发展，德国引入了针对轻型商用车的全球统一测试程序（WLTP）和法规（EU）2018/858。然而，在接下来的几年中，重要的是要密切注意技术的发展，并在必要时进行调整，以将先进技术和排放量更低的车辆推向市场。尚未在当前的 Euro 6 规章中最终解决的问题必须在即将到来的 Euro 7/Ⅶ法规中进行处理。这是确保私人运输在将来尽可能环保和气候友好的唯一方法。

马丁·兰格（Martin Lange）博士

拉尔斯·门奇（LarsMönch）

交通运输部门减排和节能

联邦环境局

前　言

对乘用车而言，从综合比较循环到与公共道路排放的验证相结合的实际行驶循环的过渡已成为现实。

2007 年，欧洲议会和欧洲理事会第 715/2007 号法规（EG）已要求对当时用于测量排放量的新的欧洲行驶循环（NEFZ）进行审查，其目的是确保测得的排放与实际行驶中的排放相对应；还应考虑使用便携式排放测量设备并执行"不得超过"（not‐to‐exceed）的监管方案。这导致了乘用车新的、更现实的、全球统一的轻型车辆试验循环（WLTC）的开发，该试验循环适用于转鼓试验台试验以及道路上的使用实际行驶排放方法（RDE）的测试。从 2017 年 9 月 1 日起，这两种方法都适用于新的乘用车车型；WLTC 和 RDE 分别于 2018 年、2019 年起适用于所有新的车型。从 2020 年 1 月 1 日起开始采用最终的 Euro 6d 标准，其颗粒物数量和氮氧化物的符合性系数为 1.5。通过 RDE 应至少覆盖到 95% 的实际行驶，即包括行驶动力学、气候条件（环境温度和大气压力）和地形（上坡、下坡）等边界条件。因此，欧洲乘用车排放法规正在发展成为全球最苛刻的要求之一，并且正在促进空气质量的改善。现在，对于乘用车和商用车，实际排放以相似的方式作为型式许可审批过程的一部分而受到限制。

排放许可审批过程中发生这些重大变化的动机是空气负担的加重，特别是 NO_x 和颗粒物（细粉尘）的污染。颗粒物过滤器已在柴油机驱动的车辆中使用了十多年，而汽油机才刚刚开始广泛使用，因此造成颗粒物污染的原因是其他来源，例如制动粉尘、轮胎磨损和房屋取暖。过去几年收紧的法规排放限制值已使空气质量的改善呈现出积极趋势，但由于交通流量有所增加，并未达到预期的程度，尤其是在交通繁忙的卫星城。在一些交通密度很高的城市中，排放量有时仍会超过规定的限制值，尤其是 NO_2 排放扩散达到了临界状态。现在，大量柴油机车辆在道路上的 NO_x 排放量明显低于 WLTC 限制值，即达到低于 1.0 的符合性系数，从而满足 Euro 6d 法规。因此，可以预期的是，符合 EU 6d 排放标准的柴油机车辆的排放量在整体的排放污染中仅占几乎可以忽略不计的比例。车辆制造商通过引入 RDE 解决了柴油机的排放问题。

本书介绍了 RDE 立法的复杂主题及其在乘用车和商用车中的实际应用，还介绍了测试程序以及根据当前规定的移动平均窗口（Moving Average Window）和功率 – 合并（Power Binning）方法的处理和评估。便携式测量技术（PEMS）对于在道路上测量排放物至关重要，本书将对其进行详细描述。为了在 RDE 条件下满足法律要求，汽油车和柴油车采取了大量的措施。

赫尔穆特·乔克

2019 年 1 月

目　录

第1章　RDE 背景和动机

1.1　排放物和空气质量

空气的质量在很大程度上取决于在空气中的外来排放物（自然或人为产生）。经过稀释、输运和分配过程后，空气污染（扩散）会影响人类和自然。由于有害物成分复杂的传播过程，尽管排放量有所减少，但局部的空气质量仍可能超过限制值。因此，立法者不仅对排放而且对排放扩散都规定了限制值。此外，诸如地形条件和极端的交通密度可能都会对空气质量产生重大影响。在下文中，仅考虑道路交通，尤其是汽油机和柴油机燃烧过程中的主要人为排放物：颗粒物（PM—颗粒质量和 PN—颗粒数量）、氮氧化物（NO_x）、碳氢化合物（HC）和一氧化碳（CO），以及由此产生的排放扩散和二氧化碳（CO_2）排放。

根据德国联邦环境局（UBA）的统计，德国未超过适合于欧洲范围的二氧化硫、一氧化碳、苯和铅的限制值。2015 年，与交通相关的不含甲烷（NMVOC）的挥发性有机化合物排放量低于 10%，汽油机动力汽车的蒸发损失低于 1%。

尽管排放量不断减少，但焦点还是在细尘和氮氧化物的负担上，特别是在交通流量大的卫星城中。图 1.1（见彩插）显示了 2000—2017 年德国 PM_{10} 和 NO_2 的空气负担。尽管 PM_{10} 排放扩散（交通造成的）没有超过 2017 年年均值的限制值（图 1.1a），但关键测量点（斯图加特、内卡托）2017 年的超标次数为 41 次，2016 年为 58 次，截至 2018 年 11 月为 20 次。每年日平均值超过 $50\mu g/m^3$ 的天数不得超过 35 天。同样，2017 年也没有测量点超过 $PM_{2.5}$ 负担年平均值 $25\mu g/m^3$ 的附加限制值。

尽管出现了明显的积极趋势，但 NO_2 排放扩散显得更为关键，如图 1.1b 所示。根据测量点的数量，预计 2017 年的年度平均值将超出限制值 20% ~ 25%。根据 2017 年当时的状态，没有测量点允许经常超过日限制值。慕尼黑确定了 12 次超过允许小时平均值的情况。

对原因的分析表明，无论是柴油机还是汽油机，内燃机不应为颗粒物负担负责，这与媒体和政治界的许多说法恰恰相反。与交通的燃烧相关的颗粒物部分 PM_{10}

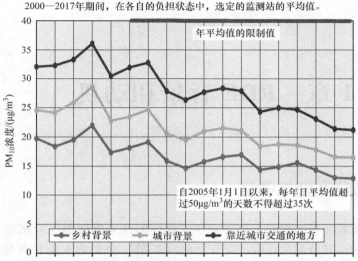

2000—2017年期间，在各自的负担状态中，选定的监测站的平均值。

a) PM₁₀年平均值的发展变化

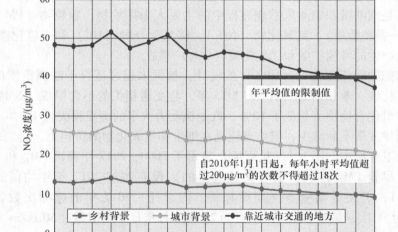

2000—2017年期间，在各自的负担状态中，选定的监测站的平均值。

b) NO₂年平均值的发展变化

图 1.1　PM₁₀ 和 NO₂ 的年平均值，2000—2017 年选定的检测站的平均浓度值（来源：UBA）

只占总细尘排放的百分之几，在欧盟中，这一数值估计在 4% ~7% 之间，如图 1.2 所示。另外，这可以归因于高压喷射技术的进一步发展，尤其是柴油颗粒过滤器的应用，自 2005 年以来，颗粒过滤器已用于部分 Euro 4 以及几乎所有 Euro 5 和

Euro 6 车辆。目前，仅后两种排放类别就占德国柴油机乘用车总数的 55% 左右。因此，通过柴油车禁令不能减少不允许的细尘负担，颗粒物超标的主要原因包括交通密度高、湍流、房屋供暖系统、反转的天气系统以及制动和轮胎磨损。与交通有关的 PM_{10} 排放占颗粒物总排放的 15% ~ 20%，如图 1.3 所示（见彩插）。将来，以汽油机为动力的乘用车同样也将配备一个颗粒过滤器，以便即使在实际条件下也能够可靠地遵守颗粒数量限制值（6×10^{11}）。在这方面，柴油机并不是至关重要的，这要归功于颗粒过滤器（见第 6 章）。

颗粒物	排放源	2015年	2020年	2025年	2030年
PM_{10}（细颗粒）	废气排放	4%	2%	1%	1%
	非发动机排放*	7%	9%	11%	11%
$PM_{2.5}$（最小颗粒）	废气排放	5%	3%	2%	1%
	非发动机排放*	4%	4%	5%	5%

· 新型柴油车几乎全部配备了颗粒过滤器(PF)。
· 将来，汽油车也将安装颗粒过滤器，以符合限制值。
* 非发动机排放源：制动器、轮胎、道路扬尘污垢等。

图 1.2 道路交通产生的颗粒物排放百分比

氮氧化物的情况则不同，与交通有关的份额约占氮氧化物总排放量的 40%，如图 1.4 所示（见彩插）。在城市中，道路交通中 NO_x 的比例可能达到 60% 以上，据 UBA 称，其中 70% 以上是由柴油机乘用车引起的。随着所谓的 $DeNO_x$ 系统［选择性催化还原（Selective Catalytic Reduction，SCR）和/或 NO_x - 储存 - 催化器，（NO_x - Storage - Catalyst，NSC 或 NSR）］的广泛引入以及废气后处理［用于支持发动机机内措施，例如高压和低压排气再循环（AGR）］的热管理策略，使得在实际条件下也可以实现满足排放限制值的要求（见第 6 章）。

这种废气后处理技术在大约 10 年前已用于商用车（Nfz）。随着乘用车和商用车排放限制值的不断降低（见第 2 章）以及行驶中能量效率的提高，有害物的总排放量显著减少（图 1.3 和图 1.4 见彩插）。

图 1.5（见彩插）也显示了空气质量的积极发展，然而，如上所述，在交通繁忙的地区，年平均值仍然明显超过限值。

乘用车排放系统开发中与道路行驶中有害废气成分造成的局部空气污染（排放扩散）的差异，既是由于交通密度的增加，也是由于基于车辆在包括边界条件（例如温度、优化的车辆状况）在内的不太现实的运行模式下（合成行驶循环）的有害物的测量方法导致的。

图 1.6a（见彩插）显示了柴油机乘用车在新的欧洲行驶循环（NEFZ）条件下的法规限制值与在实际行驶条件下从 Euro 3 到 Euro 6 测量的 NO_x 排放量之间的差

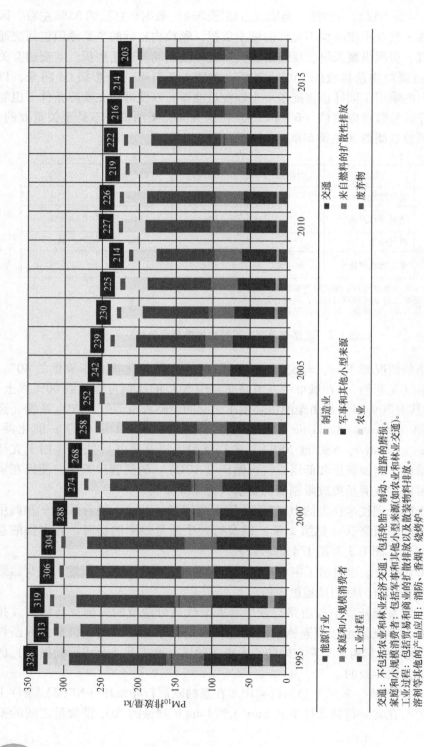

图 1.3　按来源类别划分的 PM$_{10}$ 排放的发展变化（来源：UBA）

交通：不包括农业和林业经济交通，包括轮胎、制动、道路的磨损。
家庭和小规模消费者：包括军事和其他小型来源（如农业和林业交通）。
工业过程：包括贸易和商业的扩散物排放以及散装物料排放。
溶剂和等其他的产品应用：消防、香烟、烧烤炉。

能源行业　　制造业　　交通
家庭和小规模消费者　　军事和其他小型来源　　来自燃料的扩散性排放
工业过程　　农业　　废弃物

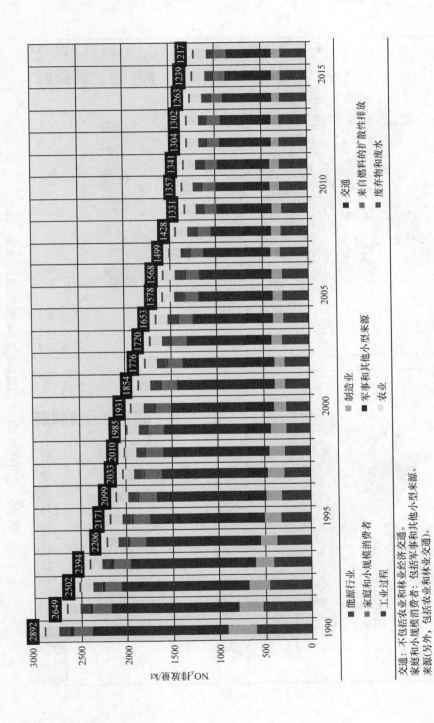

图 1.4　按来源类别划分的 NO_x 排放的发展变化（来源：UBA）

交通：不包括农业和林业经济交通。
家庭和小规模消费者：包括军事和其他小型来源。
来源（另外，包括农业和林业交通）。

能源行业　制造业　交通
家庭和小规模消费者　军事和其他小型来源　来自燃料的扩散性排放
工业过程　农业　废弃物和废水

NO_x 排放量/kt

5

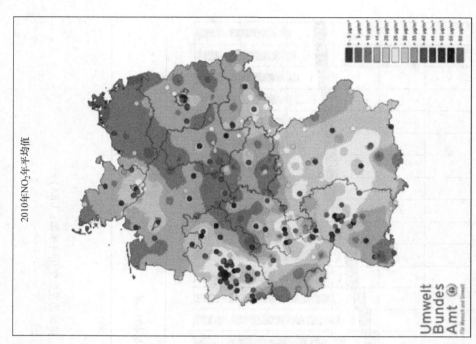

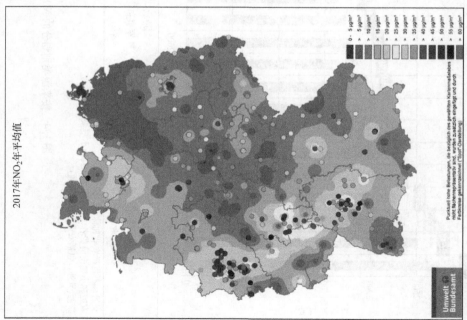

图 1.5　2010 年和 2017 年当地 NO₂ 年平均值的比较（来源：UBA）

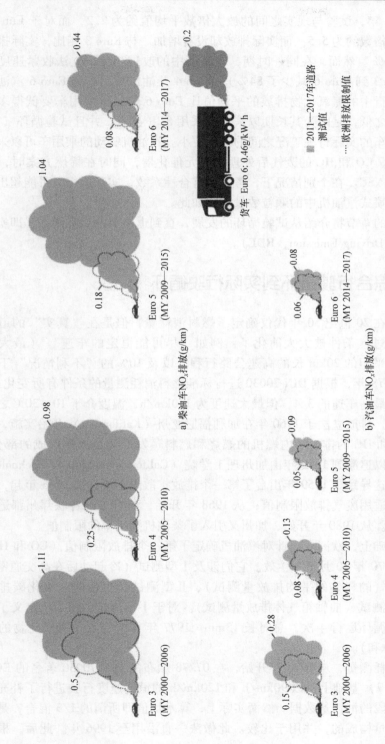

a) 柴油车NO$_x$排放(g/km)

b) 汽油车NO$_x$排放(g/km)

图 1.6　排放限制值与实际排放的比较（来源：ICCT Pocketbook 2016/2017 和 2017/2018）

异。在 2000 年，试验与现实之间的放大倍数平均值约为 2.2，而对于 Euro 6 的车辆，其放大倍数约为 5.5，而实际排放却没有增加。与 Euro 3 相比，实际排放甚至下降了约 60%。然而，在同一时期，与实际中的改进相比，立法收紧速度明显加快（从 Euro 3 到 Euro 6 减少了 84%）。Euro 4 柴油机商用车和 Euro 6 汽油机乘用车的实际运行中的氮氧化物排放的平均值比 Euro 6 柴油机乘用车要低得多。前者之所以如此之低，是因为其长期以来一直采用 SCR 技术，并且试验循环（WHTC）与长途商用车的实际行驶工况之间的差异更小。汽油机驱动的乘用车可以采用具有高效的 NO_x、CO 和 HC 的废气后处理的三元催化器，同时在稀燃方案时，还可以使用附加的 NSC。在个别情况下，考虑到符合性系数，实际运行时可能超出允许的限制值，直喷式汽油机中的颗粒数量尤其如此。

接下来的章节将介绍从试验循环的发展，直到道路上的实际测量，即实际行驶排放（Real Driving Emission，RDE）。

1.2　从综合行驶循环到实际行驶循环

最初，在 20 世纪 50 年代仅确定了燃料消耗量，但是在"真实"的道路条件下测量。不过，条件被大大简化了，例如"尽可能恒定的车速"（最大车速的 2/3）、几乎平坦的 20km 长的高速公路行程，以及 10% 的"不利情况"下的附加费。直到 1978 年，根据 DIN 70030 进行标准燃料消耗测量的条件有所变化：例如，测试车速是最高车速的 3/4，但最大速度为 110km/h，温度介于 10~30℃ 之间。

在美国，排放立法于 1960 年在加利福尼亚州（Kalifornien）开始实施，其目的是减少 CO 和 HC 的排放。内燃机的燃烧和燃料蒸发产物是烟雾形成的部分原因，这一认识可以追溯到 1952 年由加州理工学院（California Institute of Technology）进行的研究，这导致了 1959 年出台了第一个排放扩散限制值；从 1966 年起，加州的所有新车都适用废气排放限制值；从 1968 年开始，所有美国各联邦州都适用废气排放限制值。从 1980 年开始，加州又引入了柴油机乘用车的限制值。

在此基础上，欧洲专门针对汽油机确定了第一个排放限制值（CO 和 HC），该限制值于 1970 年 10 月 1 日生效。它们涉及 I 型测试（冷起动后在高交通密度城市地区污染空气的气体的平均排放量测试）、II 型测试（怠速时一氧化碳排放量测试）和 III 型测试（曲轴箱气体排放量测试）。对于 I 型测试，图 1.7 定义了一个城市循环，该循环运行 4 次，总时长 13min。1977 年首次引入了氮氧化物的限制值（与 HC 的总和）。

对于油耗测量，从 1978 年开始，在 07/78 颁布的 DIN 70030 著名的 ECE 城市循环（图 1.7）基础上，以 90km/h 和 120km/h 的恒定速度行驶进行了补充，分别给出各个阶段的消耗量数据。然而实际上，算术均值即所谓的 1/3 混合，是由 3 个单独的消耗量构成的，并用于比较。此做法一直沿用至 1996 年。此后，根据指导方针 93/116/EG 测量了 CO_2 排放量，并通过对排放物中含碳成分 CO、CO_2 和 HC 的测量确定了燃料消耗量，试验循环为 NEFZ。早在 1995 年，欧盟（EU）委员会就提出了减少 CO_2 排放的战略。例如，在（EG）第 443/2009 号法规中定义了 CO_2 排放目标。

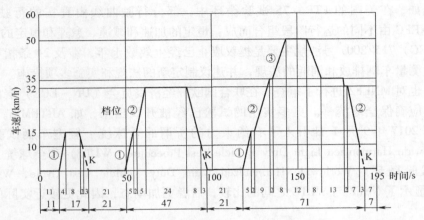

图 1.7　欧洲行驶循环（连续行驶 4 次）中市区（Ⅰ型）范围的连续行驶状态示意图

对于废气测量，1992 年引入了按照指导方针 91/441/EWG 定义的新的欧洲行驶循环（NEFZ）。以前的 ECE 城市循环已扩展至额外的市郊循环（Extra Urban Driving Cycle，EUDC），如图 1.8 所示。

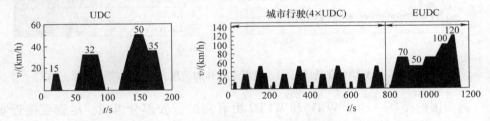

图 1.8　用于确定废气排放的欧洲行驶循环（NEFZ）（来源：IAV）

Euro1 排放标准是针对乘用车和轻型商用车定义的，Euro 2 自 1996 年起适用，Euro 3 自 2000 年起实施。自 2000 年以来，所谓改良的 NEFZ（也称为 MNEFZ）已经生效，与 NEFZ 相比，MNEFZ 可以立即开始测试，而不用在起动 40s 后才开始测量排放。这个试验循环对于满足排放水平 Euro 6c 的有害物限制值的新车型，有效期至 2017 年 8 月 31 日。从 Euro 1 起就已为柴油机车辆规定了颗粒质量限制值（PM），从 Euro 5b 起（2011 年 9 月 1 日）也确定了颗粒数量（PN）的限制值。对于采用汽油机和直接喷射的车辆，从 Euro 5a（2009 年 9 月 1 日）起执行颗粒质量限制值，从 Euro 6b 起执行颗粒数量限制值，并从 2017 年 9 月 1 日起与柴油机乘用车的限制值保持一致。年度数据始终是基于新车型的型式认证批准。对于所有新生产的车辆，限制值通常在一年后适用。

基本上，在定义试验循环和测试方法时，始终打算从实践中抽象出行驶状态，然而，结果的可重复性和可比较性才是至关重要的。严格遵守法规、对车辆进行调节以及排放测量技术的限制，导致了只能在转鼓试验台上进行应用测量和认证测试。例如，在美国的 FTP – 75 试验循环中，部分行驶曲线由真实的行驶组成，（M）NEFC 由不同的运行阶段组合而成：恒定的加速和减速、怠速和恒定的车速。

（EG）715/2007 号法规主要是提议废止已经生效数十年，涉及 24 条指导方针的有关测量车辆排放和消耗的法规，并建议制定新的法规和实施多项措施。与此同时，其也对 MNEFZ 进行了审查。在联合国欧洲经济委员会（UN – ECE）层面的联合工作应确保全球统一。更多实用的试验已经被开发出来，如 ARTEMIS。UN – ECE 于 2017 年 9 月 1 日引入了有约束力的所谓的全球统一轻型车辆试验程序（Worldwide Harmonized Light Duty Vehicle Test Procedure，WLTP）和全球统一轻型车辆试验循环（Worldwide Harmonized Light Duty Vehicle Test Cycle，WLTC）。图 1.9 显示了 NEFZ 与 WLTC 之间的比较，后者更加动态，因此更接近实际的行驶特性。

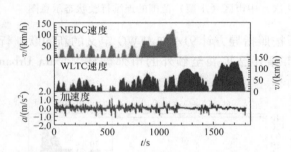

参数	NEDC	WLTC
距离/km	11.013	23.141
行驶时间/s	1180	1800
v_{mean}/(km/h)	33.6	46.3
v_{max}/(km/h)	120	131
a_{max}/(m/s^2)	1.04	1.88
静止时间/s	280	227
静止占比(%)	23.7	12.6

图 1.9　NEFZ 与 WLTC 在持续时间、速度曲线和加速度方面的比较（来源：IAV）

像美国的循环一样，WLTP 和 WLTC 由真实的行驶部分组成。尽管更接近实际，但它是一种标准化的转鼓试验，与以前一样，它可以产生可比较且可重复的测量结果。

最初，WLTP 仅适用于有害物测量，由于 CO_2 目标与先前的 NEFZ 有关，因此将 CO_2 排放从 WLTP 转换为 NEFZ。从 2020 年开始，NEFZ 中制造商设定的 CO_2 目标将转换为 WLTP，以便随后的测量仅基于 WLTP 进行。

有害物排放与空气负担之间的持续差异，特别是氮氧化物的排放，促使欧洲委员会于 2010 年决定以接近实际的测试方法来补充实验室实施的方法。随后，欧盟专家委员会提交了一个关于在实际行驶运行中附加测量有害物排放的具体建议。此外，一些柴油机乘用车在真实条件下行驶时非法操纵废气后处理系统的行为被揭露后，引发了激烈的讨论。2016 年 2 月 3 日，欧洲议会决定引入实际行驶排放测试

（Real Driving Emissions Test，RDE），针对实际运行中允许的排放用相应的"一致性系数"（符合性系数）与 Euro 6c 的限制值进行比较，这些规则必须符合 WLTP（见第 2 章）。根据（EU）2016/427 和（EU）2016/646 法规，RDE 方法具有法律约束力。首先，重点是氮氧化物排放和颗粒数量（进一步的发展见文献［18］和本书第 11 章"展望"）。

图 1.10（见彩插）显示了 NEFZ、WLTC 和 RDE 三个循环的比较。由于路线（例如上坡）、交通状况、温度、驾驶员等的不同，RDE 循环并非绝对可重现的，并且与标准循环相比，RDE 循环覆盖的速度 – 负荷范围要大得多。Euro 6d 排放标准中确定了 WLTP 与 RDE 的组合。

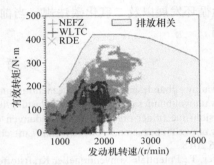

图 1.10　在柴油机乘用车的发动机特性场中 NEFZ、WLTC 和 RDE 循环的运行范围示例（来源：IAV）

但是，如果发动机和车辆已适应了这些边界条件，则在 RDE 条件下并不一定会导致更高的排放，如图 1.11 所示（见彩插）。然而，该图还显示，与 NEFZ 测量相比，并未对有害物进行优化清洁的柴油机（CI）在动态行驶方式下的 NO_x 排放明显更高。

在 RDE 条件下的废气成分是通过所谓的便携式排放测量系统（Portable Emission Measurement System，PEMS）进行测量的（见第 5 章）。

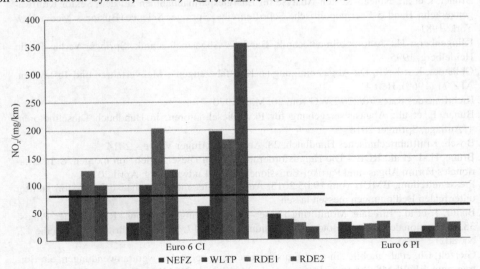

图 1.11　柴油机乘用车（CI）和汽油机乘用车（PI）与行驶循环相关的氮氧化物排放比较

对于商用车，采用自 2010 年起就在美国引入的在用合规性（In – Use – Compliance，IUC）方法来进行现场监控，自 Euro 6f 起针对气态有害物以在线服务合格性（In Service Conformity，ISC）的名义进行监控（见第 8 章）。在移动工作机械领域，Ⅳ级将从 2016 年开始将测试扩展到实际运行，例如在农业机械领域进行现场测量。当然，也可以通过 PEMS 执行测量。

文献［20］中详细描述了重型商用车辆在道路和非道路以及固定式发动机上的试验循环发展以及二氧化碳法规。当前法规以 EG 第 595/2009 号法规和修正案为基础。

参 考 文 献

1. www.umweltbundesamt.de/publikationen/luftqualitaet-2016, Zugriff: 31.07.2017
2. www.umweltbundesamt.de/daten/luftbelastung/luftschadstoff-emissionen-in-deutschland/emission-fluechtiger-organischer-verbindungen-ohne#textpart-1, Zugriff: 01.08.2017
3. www.umweltbundesamt.de/Themen/Luft/Luftschadstoffe/Stickstoffoxide 2017, Zugriff: 23.06.2018
4. Frewer, T.: Potentiale konventioneller Kraftstoffe vor dem Hintergrund des Nationalen Klimaschutzplanes 2050, BP Europa SE, EID Kraftstoff-Forum 28.–29. März 2017, Hamburg
5. Mönch, L. et al : Tagung Motorische Stickoxidbildung, HdT Essen, Ettlingen 2018
6. Lückert, P. et al.: OM 656 – Die neue 6-Zylinder Diesel-Spitzenmotorisierung von Mercedes-Benz, 38. Int. Wiener Motorensymposium, 2017
7. Kufferath, A. et al.: Der Diesel Powertrain auf dem Weg zu einem vernachlässigbaren Beitrag bei den NO_2 – Immissionen in den Städten, 39. Internationales Wiener Motorensymposium 2018, Fortschrittsbericht VD! Reihe 12, Nr. 807, Band 1
8. icct: European Vehicle Market Statistics, Pocketbook 2017/18
9. Bosch: Kraftfahrtechnisches Taschenbuch, 12. Auflage 1954, Reprint 2013
10. Bruner, I. et al.: Nutzen-Kosten-Analyse für Energiesparmaßnahmen auf dem Sektor Kraftwagenverkehr, Band 5 Energiepolitische Schriftenreihe, Springer Science+Business Media New York, 1981
11. Klingenberg, H.: Automobilmeßtechnik, Band C: Abgasmeßtechnik, Springer-Verlag Berlin Heidelberg, 1995
12. Obländer, K. ; Kräft, D.: Abgasreinigung an Kraftfahrzeugen – Meßverfahren und Testzyklen, ATZ 71 (1969), Heft 4
13. Richtlinie des Rates 70/220/EWG vom 20. März 1970
14. Bunar, F. et al.: Abgasgesetzgebung für Pkw-Dieselmotoren, in Handbuch Dieselmotoren, 4. Auflage, Springer 2018
15. Bosch: Kraftfahrtechnisches Handbuch, 28. Auflage. Springer Vieweg, 2014
16. Brüne, H.-J. et al.: RDE – Die Herausforderung für den Dieselantrieb von morgen, 8. Internationales Forum Abgas- und Partikel-Emissionen, AVL, Ludwigsburg, April 2014
17. Pressemitteilung BMUB vom 19.05.2015: Autohersteller müssen Schadstoff-Ausstoß künftig unter realen Bedingungen messen lassen
18. Badur, J. et al.: Ein Jahr Monitoring Phase – Real Driving Emissions (RDE) in der Praxis, 38. Internationales Wiener Motorensymposium, April 2017, VDI Fortschrittsbericht Reihe 12, Nr. 802
19. Gietzelt, Ch. et al.: mobile „in-use" Emissionsmessung bei realen Agraranwendungen, ein Beitrag zum EU-PEMS Pilotprojekt für mobile Maschinen (NRMM), 7. Internationales Forum Abgas- und Partikel-Emissionen, AVL, Ludwigsburg, März 2012
20. Stein, J.: Abgasgesetzgebung für Nutzfahrzeug- und Industriemotoren, in Handbuch Dieselmotoren, 4. Auflage, Springer 2018

第 2 章 RDE 立法基础知识

2.1 委员会和立法流程

第 1 章详细描述了从合成到实际行驶循环的过渡及其动机。由于立法的流程既复杂又费时，因此，本章总结性地描述其最重要的方面。

RDE 立法的总体发展如图 2.1 所示。欧洲委员会在（EG）第 715/2007 号法规中规定，必须审查（EG）第 692/2008 号法规的方法和测试以及型式认证批准的要求。根据欧洲委员会（European Commission，EC）的这一要求，成立了一个要深入处理这一主题的工作组。该 RDE 工作组的参与者包括来自工业界、外部顾问和各种非政府组织（NGO）的专家和代表。在该小组中由专家介绍和讨论的文件的大部分都可以通过 CIRCABC（https：//circabc.europa.eu）向公众公开。

联合研究中心（Joint Research Centre，JRC）是欧洲委员会中承担科学研究的服务机构，通过各种可行性研究（例如成立之初的 PEMS 试点项目）来支持决策流程。因此，首先要确定 RDE 立法在技术上是否完全可行以及将付出哪些方面的努力。在确定可行性之后，成立专家小组来处理需求分析的各个子区域。根据 JRC 以及其他利益相关者和专家的个人经验进行各种研究并得出结论，建立由 RDE - LDV 工作组制定的最终立法草案的基础。整个主题的复杂性导致规定的截止日期一再延期和其他子专家组的不断扩大。媒体对这一主题的关注增加了对新的立法的需求，促进了新的立法出台的速度。专家组的最终草案提交机动车技术委员会（Technical Committee Motor Vehicles，TCMV）表决。当 TCMV 批准了该草案，并且欧洲委员会和欧洲理事会也都批准了法规文本并将其发布后，该文本具有法律效力并自指定日期起具有约束力。

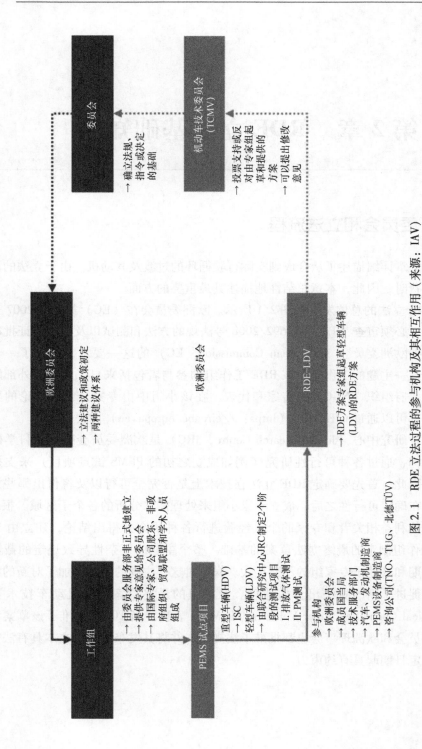

图 2.1 RDE 立法过程的参与机构及其相互作用（来源：IAV）

2.2　立法过程

图 2.2 显示了 RDE 立法发展中的几个最重要的里程碑。2011 年，RDE – LDV 工作组成立，以制定立法草案。

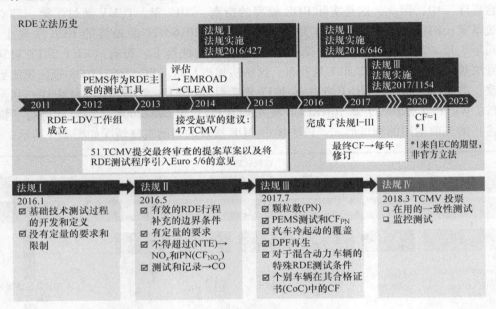

图 2.2　RDE 立法历史、法规和里程碑（来源：IAV）

本章不详细讨论第 1 章所介绍的动机背景以及其他未提及的中间步骤，因为本章的重点是 RDE – LDV 建立后工作的最终结果。2013 年，基于各种研究，PEMS 分析被正式认可为 RDE 测量基础。研究结果主要来自 JRC 的研究，但同时也显示了此方法的问题。为了更好地比较 RDE 结果，已经开发了一种所谓的标准化工具。将在第 4 章"数据处理与评估"中，通过实例介绍和描述其实际应用情况。但由于缺乏数据和对工具的不断匹配，原定于 2014 年底寻求的标准化形式的协议无法得以实施。截至本书编写结束时（2018 年底），在 RDE 法规Ⅳ中确定了简化的标准化形式。

为了构建立法发展的过程，必须确定所谓的 RDE 法规。这些 RDE 法规是具有不同里程碑意义的立法草案，必须在各自的法规中实现，因此代表了各自研究的重点。在图 2.2 中也对这些法规的要点进行了总结。法规Ⅰ包括常规试验程序的发展和定义。法规Ⅱ包含了定量要求和环境条件，其中 NO_x 和 PN 的 RDE 试验结果必须低于新定义的、不得超过（Not To Exceed，NTE）的值。为此，最初在法规Ⅱ中只定义了 NO_x 值，随后在法规Ⅲ中为法规Ⅱ提供了 PN 值。法规Ⅲ主要涉及 PN 测量、冷起动特性及其处理、DPF 再生和相匹配的混合动力试验方法等问题。从 2017 年 9 月开始，法规Ⅰ~Ⅲ具有法律约束力，必须予以实施。法规Ⅳ主要处理行驶车辆的进一步试验方法（在线服务合规性）、燃料的影响、区域责任以及对法规Ⅰ~Ⅲ的部分修订。

法规Ⅰ~Ⅲ的 RDE 试验实施的最重要准则和指导方针包含在第 3 章 "RDE 试验程序" 中，因此，这是实际 RDE 流程的指南。2015 年，TCMV 通过了第一部立法草案；2016 年 1 月，发布了带有法规（EU）2016/427 的最终的 RDE 法规Ⅰ；同年 5 月又发布了带有（EU）2016/646 号法规的法规Ⅱ；带有（EU）2017/1154 号法规的法规Ⅲ于 2017 年 7 月发布。这些法规都是对（EG）692/2008 号法规的更改。需要注意的是，WLTP 立法于 2017 年 7 月与（EU）2017/1151 号法规一起发布。WLTP 立法取代了基于 NEFZ［在法规（EG）第 692/2008 号中对此进行了描述］的先前适用的测试形式。该法规中 RDE 法规的当前实施情况如图 2.3 所示。

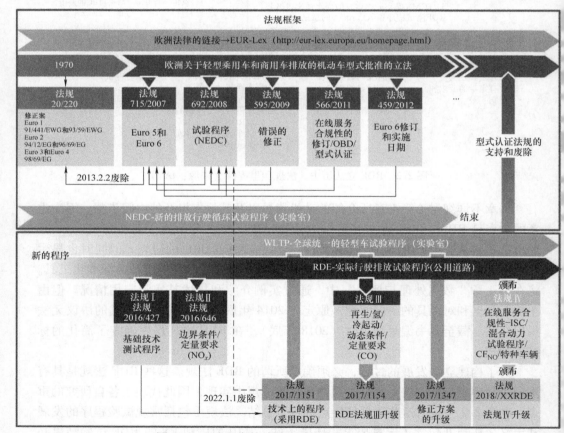

图 2.3　立法文本的关系和时间分配（来源：IAV）

第（EU）2017/1151 号法规的第一版含法规Ⅰ和法规Ⅱ，通过（EU）2017/

1154 号法规和（EU）2017/1347 号法规对 RDE 法规Ⅲ进行了补充，并将 RDE 立法置于一般测试方法的范围内。作为 1A 型测试，RDE 测试是认证过程中Ⅰ型测试方法的一部分。欧洲排放限制值的依据仍然是基于适合于 Euro 5 和 Euro 6 的（EG）715/2007 号法规及其尚未废除的补充法规。

2.3　RDE 分级和限制值

图 2.4 显示了将 RDE 立法与 WLTP 立法相结合导入的时间节点。在 WLTP 立法情况下，此处显示了车辆型号名称，其他缩写适用于先前有效的 NEFZ 认证。

另外，针对小批量生产的制造商，还有关于引入时间的特殊规定，此处不包括在内。该图示仅适用于配置带有 OBD 标准 6 - 2 的外源点火发动机（PI）和压燃发动机（CI）的车辆，该标准同时包含了 OBD 标准 Euro 6 的全部 OBD 要求和最终的OBD 阈值。Euro 6c 排放标准是一个过渡阶段，在该阶段中，虽然将应用 Euro 6 排放标准的全部排放要求，并且已经采用 WLTC，但是 RDE 测试仅用于监视目的。表 2.1 汇总了在欧盟中具有法律约束力的、适用于柴油车和汽油车的 Euro 6 标准的有效的限制值。

表 2.1　柴油车和汽油车 Euro 6 标准的排放值（来源：IAV）

EU 标准	OBD 标准	排放限制值/(mg/km)											
		CO		THC		NMHC		NO_x		$THC + NO_x$		PM		PN	
		PI	CI	PI	CI	PI	CI	PI	CI	PI	CI	PI	CI	PI	CI
EU 6d - TEMP	EU 6 - 2	1000	500	100	—	68	—	60	80	—	170	4.5	4.5	6.0×10^{11}	6.0×10^{11}
Euro 6d - TEMP - EVAP	EU 6 - 2	1000	500	100	—	68	—	60	80	—	170	4.5	4.5	6.0×10^{11}	6.0×10^{11}
EU 6d	EU 6 - 2	1000	500	100	—	68	—	60	80	—	170	4.5	4.5	6.0×10^{11}	6.0×10^{11}

在 Euro 6d - Temp 生效之前，RDE 试验方法将处于监测阶段，在此期间，排放限制值将不适用。对于 Euro 6d - Temp 排放标准，除了 RDE 排放，必须遵守 Euro 6 标准的全部要求。在 RDE 引入的第 2 阶段中，必须遵守 RDE 测试的初步符合性系数（Conformity Factor，CF），对于 NO_x 为 2.1，对于 PN 为 1.5。该系数表示数据处理后各个限制值的最大允许超出范围。它由系数 1 和公差所组成，该公差考虑了 PEMS 设备引起的附加的测量不确定性。应每年对其进行检查，如果 PEMS 方法的质量有所改善或技术有所进步，则应进行相应的修订。RDE 的第 3 阶段始于 Euro 6d 排放标准。因此，在 RDE 测试中，必须使用最初确定的 NO_x 和 PN 的符合性系数 1.5。附加的 EVAP 代表引入修订后的蒸发排放的测试方法，在此情况下，由于更改了方法，通常会额外推迟一年。更改和相匹配的实施日期在（EU）2017/1347 号法规的补充中可以找到，在本书交稿时，尚无 WLTP 立法的合并版本。图2.4（见彩插）中的深灰色象征着 M1 类和 N1 类Ⅰ级车的引入时间节点。N1 类Ⅱ级

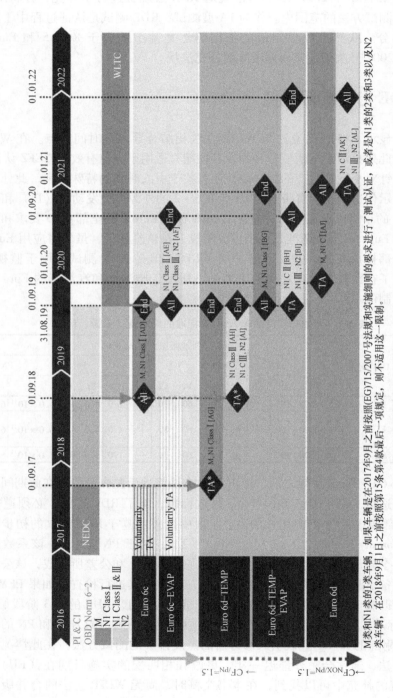

图2.4 使用 WLTC 的不同车辆类别的 RDE 引入时间节点（来源：IAV）

M类和N1类的I类车辆，如果车辆是在2017年9月之前按照（EG)715/2007号法规和实施细则的要求进行了测试认证，或者是N1类的2类和3类以及N2类车辆，在2018年9月1日之前按照第15条第4款最后一项规定，则不适用这一限制。

和Ⅲ级车以及 N2 类的车辆以浅灰色显示。蓝色菱形表示新的类型批准（Type Approval，TA）和所有新车辆（全部）的强制引入时间节点，以及最后有效的许可日期。自 2017 年 9 月 1 日起，对于 M1 类和 N1 类Ⅰ级车，在获得新的型式许可时，必须将 WLTP 作为测试循环，并且必须遵守 NO_x 和 PN 的临时 CF。直到一年后的 2018 年 9 月，N1 类Ⅱ级和Ⅲ级车以及 N2 类车才必须满足这些条件。最迟从 2022 年 1 月开始，所有新车辆，无论其级别如何，都必须遵守最初的 RDE 限制值。这里应该指出的是，欧洲委员会已正式宣布，2023 年将把 CF 从 1.5 降低到 1.0。然而，在本书交稿时，尚无具有约束力的立法依据。如果规定从 2017 年开始每年检查 CF，则可以在 2023 年之前及之后将 CF 设置为 1。在本书交稿时，这取决于 PEMS 设备的开发和其测量精度（另见第 5 章 "RDE 测量技术"）。

　　因而，（EG）715/2007 号法规的 Euro 6 限制值和（EU）2017/1151 号法规的 CF 成为评估 RDE 试验的基础。由此可见，在 RDE 测试期间的城市部分或整个试验，在已经批准的车辆类型的整个正常使用寿命中，不得超过特定于排放的、有约束的限制值（NTE 值）［见（EG）第 715/2007 号法规］。到目前为止，仅定义了 NO_x 和 PN 的公差值（CF），每年都应该审查一次。通过年度审查来解决技术问题。根据制造商的要求，在（EG）715/2007 号法规第 10 条第 4 款和第 5 款规定的时间节点之后最多 5 年 4 个月，仍可以应用 NO_x 为 2.1、PN 为 1.5 的临时 CF 值。这必须在车辆的符合性证书上注明。根据现行法规，一氧化碳（CO）仅在试验期间进行记录。在本书交稿时，法律上并不要求记录排放物 THC 和 THC + NO_x。

参 考 文 献

1. Verordnung (EG) Nr. 715/2007, Europäische Kommission, 20. Juni 2007
2. Verordnung (EG) Nr. 692/2008, Europäische Kommission, 20. Juni 2007
3. Verordnung (EU) 2017/1151, Europäische Kommission, 1. Juni 2017
4. Verordnung (EU) 2017/1154, Europäische Kommission, 7. Juni 2017
5. Verordnung (EU) 2017/1347, Europäische Kommission, 13. Juli 2017
6. Statement der Europäischen Kommission, http://www.europarl.europa.eu/sides/getDoc.do?pubRef=-//EP//TEXT+CRE+20160203+ITEM-008-07+DOC+XML+V0//EN&language=EN, Zugriff: 19.09.2017

第3章　RDE 试验程序

本章将描述 RDE 试验的一般过程。为此，法律要求被简化为主要的基本特征。可在目前适用的法律文本中找到更多详细信息。RDE 试验方法可以分为 5 个要点，如图 3.1 所示。

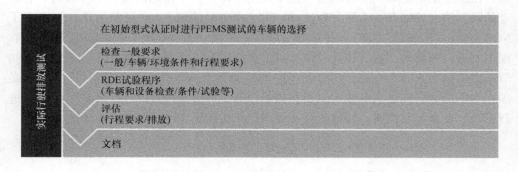

图 3.1　RDE 试验方法的进程（来源：IAV）

首先，选择要试验的车辆（3.1 节）。在此基础上，接着检查通用的试验条件、车辆条件以及环境条件是否符合 RDE 规范（3.2 节）。如果所有这些都符合要求，则可以在合适的地图上开发一条行驶路线，其要求如图 3.3 所示。随后是实际的试验过程，在该过程中，预先安装设备并检查其功能。此外，在此步骤中进行调整和首次数据检查（3.3 节）。随后，使用不同的工具评估确定的数据（如果有效），并检查其动态性能。仅在此步骤中才能确定 RDE 试验行驶是否满足路线条件（见第 4 章 "数据处理与评估"）。该步骤旨在通过加权行驶状态来规范驾驶员的影响。最后一点，必须执行并提供大量的文件（4.4 节）。下面将总结所提到的各个子步骤中最重要的方面。

RDE系列要求		
	行政规则	▫ 审批机关签发排放类型认证 ▫ 车辆制造商
PEMS测试系列构建	**技术规则**	▫ 动力类型(如ICE、HEV、PHEV) ▫ 燃料类型(如汽油、柴油、LPG、NG、……)。双燃料/灵活燃料车辆可以与其他车辆归为一类，前提是与它们用一种相同的燃料 ▫ 燃烧过程(如二冲程、四冲程) ▫ 气缸数量 ▫ 缸体结构(如直列式、V型、横向和水平对置式) ▫ 发动机容积 ▫ 车辆制造商：指定Veng_max 　→PEMS测试系列发动机容积的偏差(与Veng_max的偏差，以%为单位) 　≤−22(Veng_max≥1500mL) 　≤−32%(Veng_max<1500mL) ▫ 发动机喷油方式(如非直喷、直喷或联合喷射) ▫ 冷却系统类型(如空冷、水冷、油冷) ▫ 吸气方式：自然吸气、增压式、增压类型(如外部驱动、单涡轮或多涡轮、可变截面涡轮增压……)
	PEMS测试系列的扩展	▫ 通过增加新的车辆排放类型来扩展现有的PEMS测试系列 ▫ 扩展的PEMS测试系列和验证必须满足要求(可进行额外的PEMS测试)
	可替代的PEMS测试系列	▫ 车辆制造商可以定义PEMS的测试系列，它与单一的车辆排放类型相同 ▫ 主管部门不为验证PEMS测试系列而选择其他车辆
PEMS测试系列的认证	**一般要求**	▫ VM：向主管部门提交PEMS测试系列的代表性车辆 　→PEMS测试：技术服务部(TS)(证明符合要求) ▫ 主管部门：附加车辆 　→PEMS测试：技术服务部(TS)(证明符合要求) ▫ 由TS认证的不同操作者 　→要求的PEMS测试的至少50%是由TS实施的 　→TS仍然负责正确地执行 ▫ 使用特定车辆的结果来验证不同的PEMS测试系列 　→由单一主管部门批准的车辆和主管部门同意 　→每个要验证的PEMS测试系列包括一个车辆排放类型，其中包括特定的车辆 ▫ 由VM承担相关的责任
	用于PEMS测试的车辆选择	▫ 为每种燃料组合、变速器类型、四轮驱动车辆、已安装的排气后处理部件的数量和发动机体积选择至少1辆车 ▫ 制造商：PMR$_H$(PEMS测试系列所有车辆中最高的功率质量比)和PMR$_L$(PEMS测试系列所有车辆中最低的功率质量比) 　→为每个代表PMR$_H$和PMR$_L$的车辆配置选择≥1 　→代表性车辆：与PMR$_H$或PMR$_L$的差异<5% ▫ 一个给定的PEMS测试系列中至少应选择以下数量的车辆排放类型：

在一个PEMS测试系列中的车辆排放类型的数量N	被选择用于PEMS测试的车辆排放类型的最少数量N	被选择用于PEMS热起动测试的车辆排放类型的最少数量N
1	1	1
2~4	2	1
5~7	3	1
8~10	4	1
11~49	NT=3+0.1N	2
>49	NT=0.15N	3

| 报告 | **车辆制造商(VM)向主管部门提交** | ▫ PEMS测试系列的完整描述(包括技术标准)
▫ 唯一识别号
　将MS−OEM−X−Y格式用于PEMS测试系列
　MS—区分颁发EC型式批准的成员国的编号；OEM—特色制造商，X—识别原始PEMS测试系列(TF)的序列号；Y—扩展计数器(0表示未扩展的PEMS TF) |
| | **车辆制造商(VM)和主管部门** | ▫ 属于某一特定PEMS测试系列的车辆排放类型的清单，基于排放类型批准号和所有车辆类型的批准号、类型、变体，车辆的EC合格证版本的组合
▫ 被选择用于PEMS测试的车辆排放类型的清单、选择标准和有关条款信息 |

图 3.2　PEMS 系列形成的标准（来源：IAV）

3.1 车辆选择（PEMS 系列）

并非每种车辆排放类型都需要进行 PEMS 测试。制造商可以选择将几种车辆排放类型组合成一个 PEMS 测试系列。一个 PEMS 测试系列的车辆应具有相似的排放特征，这意味着它们必须符合某些确定的标准。图 3.3 对这些标准和一般要求做了

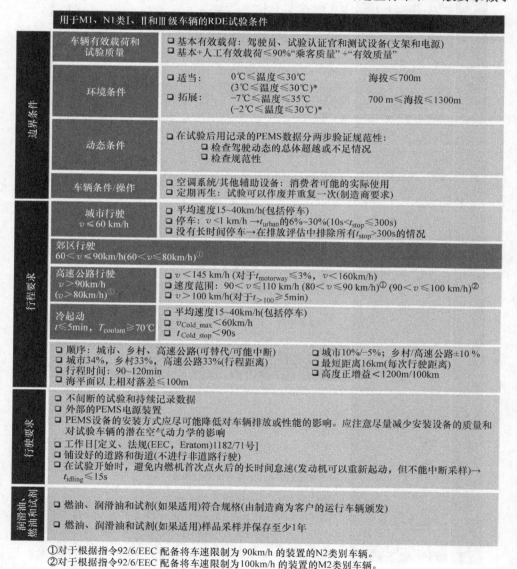

用于M1、N1类Ⅰ、Ⅱ和Ⅲ级车辆的RDE试验条件	
边界条件 车辆有效载荷和试验质量	□ 基本有效载荷：驾驶员、试验认证官和测试设备(支架和电源) □ 基本+人工有效载荷≤90%"乘客质量"+"有效质量"
环境条件	□ 适当：　　0℃≤温度≤30℃　　　　　　　　　海拔≤700m 　　　　　　(3℃≤温度≤30℃)* □ 拓展：　　−7℃≤温度≤35℃　　　　　　　700 m≤海拔≤1300m 　　　　　　(−2℃≤温度≤30℃)*
动态条件	□ 在试验后用记录的PEMS数据分两步验证规范性： 　　□ 检查驾驶动态的总体超越或不足情况 　　□ 检查规范性
车辆条件/操作	□ 空调系统/其他辅助设备：消费者可能的实际使用 □ 定期再生：试验可以作废并重复一次(制造商要求)
行程要求 城市行驶 $v≤60$ km/h	□ 平均速度15~40km/h(包括停车) □ 停车：$v<1$ km/h →t_{urban}的6%~30%(10s≤t_{stop}≤300s) □ 没有长时间停车→在排放评估中排除所有$t_{stop}>$300s的情况
郊区行驶 $60<v≤90$km/h($60<v≤80$km/h)[①]	
高速公路行驶 $v>90$km/h ($v>80$km/h)[①]	□ $v<145$ km/h（对于$t_{motorway}$的<3%，$v<160$km/h) □ 速度范围：$90<v≤110$ km/h ($80<v≤90$ km/h)[①] ($90<v≤100$ km/h)[②] □ $v>100$ km/h(对于$t_{>100}$≥5min)
冷起动 $t≤5$min，$T_{coolant}≥70$℃	□ 平均速度15~40km/h(包括停车) □ $v_{Cold\_max}<60$km/h □ $t_{Cold\_stop}<90$s
	□ 顺序：城市、乡村、高速公路(可替代/可能中断)　　□ 城市10%/−5%；乡村/高速公路±10 % □ 城市34%，乡村33%，高速公路33%(行程距离)　　□ 最短距离16km(每次行驶距离) □ 行程时间：90~120min　　　　　　　　　　　□ 高度正增益<1200m/100km □ 海平面以上相对落差≤100m
行驶要求	□ 不间断的试验和持续记录数据 □ 外部的PEMS电源装置 □ PEMS设备的安装方式应尽可能降低对车辆排放或性能的影响。应注意尽量减少安装设备的质量和对试验车辆的潜在空气动力学的影响 □ 工作日[定义、法规(EEC, Eratom)1182/71号] □ 铺设好的道路和街道(不进行非道路行驶) □ 在试验开始时，避免内燃机首次点火后的长时间息速(发动机可以重新起动，但不能中断采样)→$t_{idling}≤15$s
润滑油、燃油和试剂	□ 燃油、润滑油和试剂(如果适用)符合规格(由制造商为客户的运行车辆颁发) □ 燃油、润滑油和试剂(如果适用)样品采样并保存至少1年

①对于根据指令92/6/EEC 配备将车速限制为 90km/h 的装置的N2类别车辆。
②对于根据指令92/6/EEC 配备将车速限制为100km/h 的装置的M2类别车辆。

图 3.3　M1、N1 类Ⅰ、Ⅱ和Ⅲ级车辆的 RDE 试验前提条件（来源：IAV）

详细的介绍，正确的车辆选择对于后续程序至关重要。除了技术标准外，还有管理技术标准。可以扩展可能的、现有的 PEMS 系列，并为其添加更多车辆。此外，车辆制造商还可以确定与单个车辆排放类型相同的 PEMS 系列。通常情况下，车辆制造商会从 PEMS 测试系列中选择有代表性的车辆，并提交给有关权威部门，由技术服务人员对此车辆进行检查（PEMS 测试旨在证明车辆符合要求）。然后，权威部门根据图 3.2 的要求，由技术服务部门选择其他车辆进行 PEMS 测试，附加车辆的技术标准将记录在测试结果中。如果权威部门同意，那么 PEMS 测试也可以由第三方来实施。不过，这一前提是至少要有代表 PMR_H（PEMS 测试系列所有车辆中最高的功率质量比）和 PMR_L（PEMS 测试系列所有车辆中最低的功率质量比）值的车辆测试，并且所要求的 PEMS 测试（用于 PEMS 测试系列验证所需的 PEMS 测试）中的至少 50% 由技术服务部门实施。然而，技术服务部门仍负责所有 PEMS 测试的正确实施。要测试的车辆数量取决于有害物排放权威性的技术特征。对于每种 PEMS 系列中可能的燃料组合、变速器类型、四轮驱动、发动机排量、内置废气后处理组件的数量以及 PMR_H 和 PMR_L，至少必须选择一辆车进行测试。不管这些先决条件如何，必须为 PEMS 测试选择最少数量的 NT，如图 3.2 所示。为了能够评估排放，在热起动时，每个 PEMS 测试系列中必须至少有一辆车在非热起动的情况下进行测试。冷起动的定义与环境温度无关，它是指内燃机首次起动后运行300s。如果确定了冷却液的温度，则在冷却液温度首次达到 70℃（如果在 300s 之前达到了该温度）时，冷起动期结束。另外，测试对驾驶、运行以及润滑油、燃料和试剂（例如 AdBlue ®）也提出了明确的要求。

3.2　对车辆、路线和环境条件的要求

为了检测在实际行驶过程中的排放特性，必须在正常驾驶模式和条件下以及具有正常的有效载荷的情况下在道路上驾驶车辆。需要证明，所试验的车辆和条件可以代表带正常载荷的实际行驶路线和 PEMS 测试。测试路线由审批机构建议。必须事先根据地形图确定存在城市交通、乡村道路或高速公路条件的区域。如果审批机构对验证的数据质量或结果不满意，则审批机构可以随时宣布所执行的 PEMS 测试无效，并说明原因。

在试验方法的开发中定义了各种条件，以便对 RDE 行驶过程中的正常负载状态有统一的了解。图 3.3 总结了 M1 类和 N1 类Ⅰ、Ⅱ和Ⅲ级车辆的诸如路线选择和环境条件等主要的试验条件。对于受车速限制的 N2 类和 M2 类车辆，适用略做修改的边界条件。这些通用的边界条件限制了允许的环境条件、动态条件的范围以及车辆运行状态。针对环境条件要确定过渡规则，（EG）715/2007 号法规第 10 条第 4 款和第 5 款条例规定，在开始采用有约束力的 NTE 排放限值的时间节点之后的 5 年内，起始的适当温度范围为 3℃，扩展温度范围可至 −2℃。如果在测试过

程中环境条件超出正常和扩展的环境条件，则该测试将被视为无效。

某些要求的检查（例如动态条件）只能在测试结束时进行，因此是排放和行驶处理的一部分，这将在第 4 章"数据处理与评估"中进行介绍。在检查完所有先前可检查的试验条件之后，下一步就是实际的 RDE 试验过程，将在 3.3 节中进行介绍。

3.3 RDE 试验进程

RDE 试验进程的一般过程如图 3.4 所示。它包含使用便携式排放测量系统的车辆排放测试的测试方法（见第 5 章"RDE 测量技术"），可分为 5 个中间步骤，而这些中间步骤又分为各个子步骤。

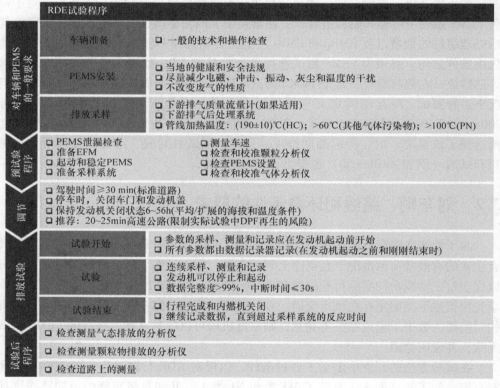

图 3.4 车辆上带 PEMS 的 RDE 试验程序（来源：IAV）

在实际测试之前必须采取各种措施，这些措施可以概括为预测试方法。它们可以研究各个系统部件正常的功能方式，以便排除有缺陷的安装。此外，实际测试之前还要进行校准和系统准备。为了确保车辆具有可比较的条件，必须根据预试验方法对其进行调节。为此，车辆必须行驶至少 30min，然后在车门和发动机盖关闭且发动机停机的情况下停放至少 6h，最长 56h。其中，环境条件必须在平均或扩展的海拔值和温度值范围内。应避免极端的天气条件（大雪、暴风雨和冰雹）和过多的灰尘。在开始测试之前，必须检查车辆和设备是否有损坏和警告信号。

在调节之后，将进行实际的 RDE 试验，并由此进行排放测试，包括测试开始、测试进程和测试结束。

在试验之前，PEMS 系统将直接投入运行并进行预热，此过程大约需要 1h。然后，在气体 PEMS 中用校准气体重置零点和终点，在排气质量流量计（Exhaust Mass Flow Meter，EFM）中，在发动机停机状态下校准零点。对于测试开始阶段，重要的是在发动机起动之前进行采样、参数的测量和记录，并且检查在发动机起动之前和刚刚起动之后所有必要的参数的正确记录。

道路行驶最迟应在校准后 30min 内开始。在整个过程中，参数的采样、测量和记录必须连续进行，但允许重新起动发动机。对于道路上的 PEMS 测试来说，行驶是否符合 RDE 标准并不重要，仅在事后才进行检查（见第 4 章 "数据处理与评估"）。参数 - 数据完整性要达到 99% 以上，仅在意外信号丢失或 PEMS 维护的情况下才允许数据测量和记录的中断，前提是中断时间少于总行驶时间的 1%，并且中断时间不超过 30s。

当车辆结束行驶并关闭内燃机时，测试结束。行驶结束后，必须避免发动机怠速时间过长，并且必须继续记录数据，直到采样系统的响应时间结束为止。与试验行驶之前一样，在试验之后也必须进行检查，可以概括为后试验方法。它们在实际试验进程中用于检查功能和校准是否正确。

建议在 RDE 测试之前或在测试结束之后，针对每个 PEMS 车辆组合，对安装的 PEMS 在转鼓试验台上进行一次验证（5.3 节）。

参 考 文 献

1. Verordnung (EU) 2017/1151, Europäische Kommission, 1. Juni 2017
2. Verordnung (EU) 2017/1154, Europäische Kommission, 7. Juni 2017
3. Verordnung (EU) 2017/1347, Europäische Kommission, 13. Juli 2017

第4章 数据处理与评估

4.1 常规进程

RDE 行驶的结果通常是随机的，无法直接比较两个 RDE 行驶。典型的影响因素有行驶的动态特性（激进的、平缓的）、交通状况、山地行驶/爬坡、环境条件（冬季、夏季）等。

然而，这种随机性也意味着，道路行驶的结果不能简单地与最初为在转鼓试验台上试验所定义的极限值进行比较。（EG）715/2007 号法规规定，在"正常使用条件"（Normal Conditions of Use）下，在道路上也必须遵守排放限值。RDE 立法通过两种方法定义了行驶常规状态，旨在防止过于激进和过于平缓的驾驶。下面简要地进行概述。

首先，借助于对行驶要求（Trip Requirements）的详细描述进行标准化。这里定义了大量的参数（图 3.3）。行驶的持续时间必须在 90～120min 之间，城市、乡村和高速公路行驶的比例分别各占 1/3。借助于辅助参数（RPA 为相对正加速度，即 Relative Positive Accelerations 的缩写；va_{pos} 为速度与加速度的乘积）来评估行驶的动力学，必须遵守确定的限制值。累积坡度要受到限制，因此不可能一直进行上坡行驶。

接下来是对 RDE 行驶的排放结果（g/km）进行标准化。为此，对 RDE 行驶的排放结果（NO_x 和 PN）在进一步的处理步骤中进行校正以及加权。其中，WLTC 转鼓试验的结果可作为参考。移动平均窗口（Moving Average Window，MAW）方法是由 JRC 开发的，而功率 – 合并（Power – Binning）方法是由格拉茨工业大学（TU Graz）开发的，并受到制造商的青睐。这两个方法的理念是：将过于激进的行驶所产生的 RDE 结果向下加权，而将过于平缓的行驶所产生的 RDE 结果向上加权。对于具体实施方法，欧盟当局（JRC）和制造商尚无法就一种方法达成共识，因此这两种方法均已列在法规中（图 4.1）。

RDE 行驶结果评估的一般进程如图 4.1 所示，RDE 行程的处理与行驶的执行在一个多阶段流程中紧密相关：

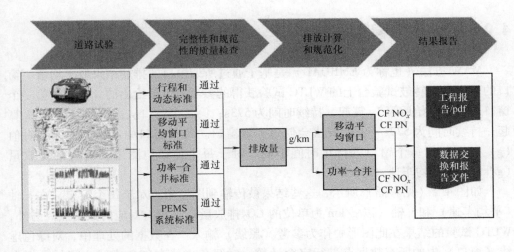

图 4.1 RDE 常规进程中的 RDE 数据处理（来源：AVL）

● 在开始行驶之前，必须对分析仪进行校准，并检查测量数据的准确性。在实际的道路行驶时，RDE 测量系统将测量数据"模态"化地记录在时间轴中。行驶结束后，再次用参考气体来检查分析仪的校准是否正确（3.3 节）。

● 行驶结束后，收集所有数据，并检查 RDE 行驶的一般有效性。这包括：

a）验证数据的完整性。除了删除特别长的停靠点外，RDE 数据不得合并、更改或删除。

b）核查稳态的要求（如城市、乡村、高速公路的比例……）和动态的要求（如 RPA、va_{pos}）（图 3.3 和图 3.4）。

c）核查 MAW 方法的定性要求。

d）核查功率 – 合并方法的定性要求。

e）核查 RDE 测量数据的质量和一致性。

● 排放计算分为两个步骤。第一步，确定各种有害物成分（NO_x、PN、CO 和 CO_2）的排放量。为此，考虑到时间的偏移，将浓度的模态化数据相对于测得的质量流量进行补偿。其结果就是获得了各个试验的"实时"排放量（g/km）。在此计算步骤中，借助于校正系数考虑冷起动、可能的发动机停机（起动/停机功能）以及"扩展的"温度或海拔条件。

● 在第二个计算步骤中，对测量数据应用标准化方法（MAW 方法和功率 – 合并方法），从而确定 NO_x 和 PN 的符合性系数（CF）。处理结果对于开发和进一步分析至关重要，因此在研发报告中需进行总结。如果要将此特定的道路行驶应用于 RDE 测试，那么 RDE 立法要求在详细的文本文件中提供结果。

4.2　移动平均窗口方法

　　MAW 方法（也称为 EMROAD）是基于通过所谓窗口的排放结果取平均值。窗口的长度是由转鼓试验台上的 WLTC 试验获得的参考 CO_2 量给出的。例如，第一个窗口从试验开始后第 1s 算起，持续时间为 573s；第二个窗口从试验开始后第 2s 算起，持续时间为 572s……此方法会创建大量窗口。每个窗口中产生的 CO_2 绝对值（g）相同，但每个窗口的持续时间不同。对于每个窗口，测量其对应的排放量（g/km）和平均车速（km/h）。

　　如图 4.2（见彩插）所示，这些结果被传输到图形中。对于每个窗口，在 x 轴（平均车速）和 y 轴（以 g/km 为单位的 CO_2 排放量）上都有对应的数据点。另外，WLTC 试验的结果在此图形中作为参考（黑线）输入。在数据的处理中，对绿色虚线（窗口）内的所有数据点进行完全计数，对绿色虚线和红色虚线之间的数据点进行加权，红色虚线之外的数据点不进行计数。

　　图 4.2 中分析的数据是一个非常有代表性的有效的 RDE 行驶的结果，在行驶过程中遵守稳态的和动态的要求已经导致数据很好地标准化，因此，大多数数据点都接近参考线。最终结果表明，在这种情况下，行驶时的大多数数据已经实现了标准化，而 MAW 方法对符合性系数的影响很小。

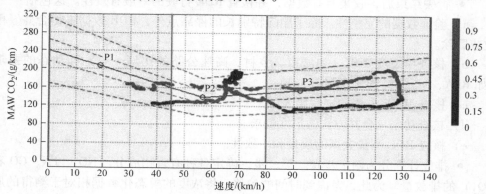

图 4.2　MAW 方法（来源：AVL）
注：颜色标尺对应于各个数据点的权重因子。

4.3　功率 – 合并方法

　　功率 – 合并方法（也称为 CLEAR）使用较短的平均周期（3s），并且基于各个数据点的分组（合并）来反映各个周期内的功率。发动机的功率范围分为 9 个级别。

将各功率等级上数据点的分布与目标分布进行比较（图4.3），如果在 RDE 行驶过程中某个级别中获得的数据点少于参考中的数据点，则该级别中的排放会放大。如果在一个数据级别中获得的数据点多于参考中的数据点，则排放将缩小。

将功率－合并方法应用于实际的和有效的 RDE 行驶时，会出现与 MAW 方法类似的图像。对于有效的 RDE 行驶，结果主要取决于行驶本身，功率－合并方法不再显著地改变结果。

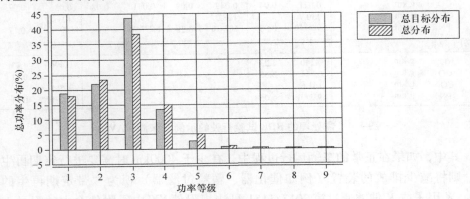

图 4.3 功率－合并方法在各功率等级中的占比（来源：AVL）

4.4 RDE 行驶的评估和存档

在根据所有标准检查 RDE 行驶的有效性之后，可以确定最终的符合性系数（CF）。

图 4.4 显示了由实际试验行驶计算得出的 CF。在第一个方块中，试验行驶的实际测量值（"未加权"）用于 CF 的计算。这些数字没有法律意义，但提供了很好的比较基础：在当前数据集中，NO_x 结果过高，不符合 CF 为 2.1 的标准，而 PN 的 CF 却远低于 1.5。接下来的两个方框显示了 MAW 方法（EMROAD）和功率－合并方法（CLEAR）的结果。在整个试验中，各个方法的 CF 并无太大差异。这说明对行驶要求的狭义定义本身已经对标准化做出了巨大的贡献。标准化工具本身的贡献较小。

车辆必须符合两种处理方法（MAW 和功率－合并）的 RDE 要求，才能获得许可。如果车辆仅通过两种方法中的一种，则可以重复试验；如果在重复试验之后也仅通过一种方法重新满足 RDE 要求，则认为该试验通过。但是，两种方法的结果都应报告。

根据（EU）第 2017/1154 号法规，带有一个废气后处理系统的车辆的排放结果可通过所谓的 K_i 因子/偏差进行校正，该废气后处理系统包含具有定期再生的组

行程-空载		限制	城市	CF	乡村	CF	高速公路	CF	总计	CF
NO_x	g/km	0.105	0.288	2.75	0.438	4.18	0.705	6.71	0.489	4.66
CO	g/km	0.500	0.120	0.24	0.018	0.04	0.028	0.06	0.051	0.10
CO_2	g/km		135.5		92.7		148.3		125.1	
PN	g/km	$6.000×10^{11}$	$2.588×10^{10}$	0.04	$2.025×10^{11}$	0.34	$1.563×10^{10}$	0.03	$8.396×10^{10}$	0.14
EMROAD										
NO_x	g/km		0.455	4.33	0.512	4.87	0.500	4.76	0.489	4.65
CO	g/km		0.021	0.04	0.043	0.09	0.041	0.08	0.035	0.07
CO_2	g/km		130.7		108.2		129.7		121.1	
PN	g/km		$5.085×10^{10}$	0.08	$1.687×10^{11}$	0.28	$8.271×10^{10}$	0.14	$1.003×10^{11}$	0.17
CLEAR										
NO_x	g/km		0.340	3.23					0.496	4.73
CO	g/km		0.341	0.68					0.053	0.11
CO_2	g/km		161.6						129.8	
PN	g/km		$2.938×10^{10}$	0.05					$6.487×10^{10}$	0.11

图 4.4　需处理的 RDE 试验行驶的示例（来源：AVL）

件。其中，如果在正常的车辆运行过程中，在少于 4000km 时需要进行定期再生过程，则将减少排放的装置（例如催化器、颗粒过滤器）视为"带定期再生的组件"。K_i 因子或 K_i 偏差通过第 2017/1151 号法规附件 XXI 中子附件 6 中的附录 1 中的方法来确定。

如果校正后未遵守排放限制值，则必须检查 RDE 试验期间是否确实发生了再生。在这种情况下，应重新检查结果，而不是根据排放限制值进行校正。如果仍然不满足要求，则认为试验无效。制造商可以在第二次测试之前确保完成主动 DPF 再生过程并进行适合于车辆的预处理。即使在测试过程中发生再生，第二次试验也必须申请并且是有效的，因此在重复测试期间排放的有害物必须包括在排放的评估中，所描述的过程如图 4.5 所示。

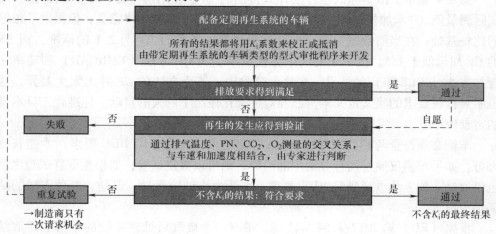

图 4.5　带定期再生部件的车辆的试验方法（来源：IAV）

RDE 立法要求对所有结果进行详尽的记录，并需要一个额外的数据库，该数据库在很大程度上可供感兴趣的外行（公众）在线使用。图 4.6 总结了关于 RDE 测试信息的审计报告和传播的部分。

制造商必须向批准机构提供由制造商起草的技术报告，并且必须在 30 天内免费向任何感兴趣的一方提供技术报告。此外，制造商必须在可公开访问的网站上提供 PEMS 测试系列的唯一的标识号、PEMS 测试的结果、PEMS 系列概述清单以及实际行驶运行中给出的最大排放值。所列信息完全免费提供给用户，用户不需签名或公开身份。委员会和型式批准机构应通过网站上的地址保持最新状态。根据要求，型式批准机构将在收到请求后 30 天内转发所提供的信息。为了评估其他排放策略，制造商还必须另外提交扩展的文档。扩展文档被视为严格机密，并且不对公众开放，在批准机构授予批准后，应对其进行标记、注明日期并至少保存 10 年。如果需要，则应将扩展文档提供给委员会。

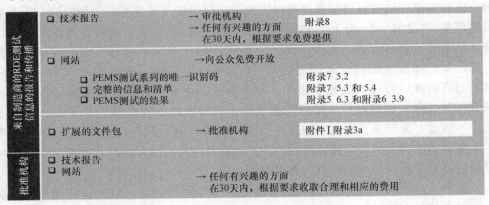

图 4.6　制造商和型式批准机构有义务报告和传播有关 RDE 测试的信息（来源：IAV）

参 考 文 献

1. Verordnung (EG) Nr. 715/2007, Europäische Kommission, 20. Juni 2007
2. Verordnung (EU) 2017/1151, Europäische Kommission, 1. Juni 2017
3. Verordnung (EU) 2017/1154, Europäische Kommission, 7. Juni 2017
4. Verordnung (EU) 2017/1347, Europäische Kommission, 13. Juli 2017

第 5 章　RDE 测量技术

过去的几十年中，仅通过转鼓试验台来确定用于机动车认证的废气排放。现在，这些方法已被所有权威部门和制造商确定为标准，并经过多年优化。在这些所谓的试验工厂（Test Factories）中，一个制造商通常每年要进行 10000 次以上的试验。这些测试环境的显著优点是可以实现单个试验的可重复性。为此，研究人员对试验准备［"浸泡"（soak）］、试验实施（标准化行驶曲线、道路负载计算等）以及环境条件（测试室中的温度、压力、湿度）的许多细节进行了精心规范和法律上的定义。排放量的确定采用定容采样（Constant Volume Sampling，CVS）方法，即在适当稀释后将废气收集在袋中。CVS 方法的主要优点是，整个试验行驶（或部分行驶过程）的整体排放结果是通过袋中的排放物的物理混合（平均）来确定的，不需要对废气质量流量和浓度进行模态测量（随时间变化的测量），这也避免了数据通道的时间同步问题。例如，NO_x 测量技术经过多年的优化和调整，已经可以满足以上要求（袋中的浓度非常低且恒定）。

显然，对 RDE 测量技术的要求基本上各不相同。但是，RDE 道路测量与测试台结果必须具有很好的可比性。

RDE 道路行驶本身是随机的，因此排除了重复的可能性。与转鼓试验台相比，车辆上的实际道路负载主要取决于更多的参数。在测试台上则不考虑高度差、弯道、驾驶员、道路状况、逆风、尾流和许多其他参数的影响。另一个非常明显的区别是：由于结构尺寸和重量的原因，CVS 方法无法在道路上使用。此处排放结果被确定为"原始模态"（modalroh）。这意味着，废气浓度和废气质量流量直接在排气尾管未经稀释和实时测量。试验后，数据序列在数据后处理中以时间校正的方式计算（见第 4 章"数据处理与评估"）。

对测量技术本身的要求也需要特别关注，该测量技术还必须是"RDE 兼容"。也就是说，环境条件（压力、温度、湿度）的变化以及冲击和振动不得对测量结果产生重大影响。对 RDE 测量技术的要求比对测试台的要求要广泛得多。以行驶时的海拔变化为例，如果没有适当的补偿，那么废气分析仪会对密度变化产生强烈反应，RDE 测量将无法进行。

5.1　对 RDE 测量系统的要求

RDE 立法非常详细地定义了对 RDE 测量系统的要求（见第 2 章）。要求在 RDE 试验行驶时，以至少 1Hz 的数据速率实时地记录有害物（PN、NO_x、CO）和 CO_2 排放量、废气质量流量、GPS 位置数据、环境条件以及 OBD 总线的某些数据（发动机转速、车速等）。

根据 PEMS 制造商的说明并遵守当地的健康和安全法规，将 PEMS 安装在车辆内或车辆上。PEMS 设备的安装应尽可能减少各种形式的干扰，并且设备和传感器应尽可能发挥最佳作用。此外，必须在充分混合的位置采集具有代表性的排放样品。采样点处的环境空气的影响应尽可能地小。

尽管在转鼓试验台上是有要求的，但在 RDE 立法中尚未对碳氢化合物（HC）排放的测量做出规定，因此可以忽略。对此给出的原因是由于火焰电离检测器（FID）测量原理携带了必需的 He/H_2 燃烧气体，故而存在安全风险。此外，忽略 FID 分析仪可以使测量系统明显更轻、更小，并且还可以降低功耗。

作为一般规则，立法机关尽可能要求使用转鼓试验台的测量技术规范（精度、噪声、可重复性等）以及 RDE 测量技术。但是，立法机关也承认，在某些情况下，将试验台测量技术直接移植到道路上是不可能的或是没有意义的，这就从根本上促进了 RDE 替代测量原理的使用。下面简要介绍所使用的测量原理及其优缺点。

CO_2 和 CO

对于 CO_2 排放和 CO 排放测量，以非分散红外（Nondispersive Infrared，NDIR）测量原理作为标准来定义。NDIR 测量原理是一种光学方法，其中来自红外光源的光在各特定波长被有害物成分所吸收。由此造成的强度衰减结果可以在探测器上测量。通过与没有衰减的参考波长的比较，可以确定各个有害物组分的浓度。这种方法在移动应用中非常有效，因此目前市场上所有的 RDE 测量系统都使用该技术。有关 NDIR 测量原理的更多详细信息，可以参阅文献 [3]。

NO_x

对于 NO_x（定义为 NO 和 NO_2 的总和），化学发光检测器（CLD）方法和非分散性紫外线（Nondispersive Ultraviolet，NDUV）方法被定义为 RDE 立法的标准。

CLD 方法（见参考文献 [4]）利用 NO 与臭氧的反应形成"激发态" NO_2。使用光学器件和光电倍增器对离开激发态时发射的光子进行计数。为了测量样品气流中的 NO_2，要求气流另外再通过一个催化器，从而将 NO_2 还原为 NO。在测量过程中，臭氧必须作为反应气体携带或在车上生成。

NDUV 方法也是一种光学方法，NO 和 NO_2 的测量始终分开进行。对于 NO_2，可以在紫外线（UV）光谱中找到仅吸收 NO_2 的波长。因此，测量原理基本与 NDIR 原理一样简单。在紫外线光谱中，NO 的测量在技术上更加难以实现，因为不可能找到仅吸收 NO 的波长。为了解决这个问题，需要设置比测量 NO_2 复杂得多的结构，以时间调节的方式将附加的过滤器旋转到光路中。在参考文献 [5] 中可以找到有关内燃机废气使用 NDUV 测量原理的详细信息以及分析。

如今，这两种测量方法都在 RDE 测量系统中使用，并且两种测量方法都面临着巨大的挑战。在道路上进行 RDE 测量时不适宜使用 CLD 方法，因为这种测量原理要求对分析仪中的流量进行非常精确的调节。在实际的 RDE 测量（考虑海拔变化的影响）条件下，这在技术上是非常难以实现的。NDUV 测量原理作为一种光学方法在这一方面具有优势，但振动和冲击对活动部件的影响却是一个巨大的挑战。市场上也有一种 PEMS 测量设备，该设备结合了两种 NO_x 测量的测量原理，即用 CLD 测量 NO，用光声传感器（PAS）测量 NO_2。

颗粒数量（PN）

废气中颗粒物浓度的测量是一个特别复杂的环节。这既适用于实验室的型式测试，也适用于在道路上记录实际行驶排放过程的移动测量。

测量参数变化的动力学是确定颗粒物浓度的一个挑战。与颗粒质量浓度不同，颗粒数量不是恒定的参数，测量结果取决于许多影响因素，例如在采集系统中的初始浓度、稀释或停留时间。随着时间的推移，单个颗粒会聚积形成更大的聚合物（附聚）。这样就减少了它们的数量，但没有减少总质量。因此，必须以最佳方式抵消这些物理效应，以确保高的测量精度。为了可重复性地确定实际出现的数量，在实验室的 CVS 通道上使用 PMP 兼容的数量测量设备进行测量。通过稀释并保持确定的停留时间，可以获得最佳的结果。尽管采取了这些措施，但与测量气态成分相比，颗粒数测量的可重复性明显更差。在道路上进行测量时，不可能准确地再现实验室中的条件。基于这个原因，在道路测量中，可以预期在 RDE 行驶中测量结果会有更大的分散性。

PMP 兼容的颗粒计数器不适合移动应用，这是由于它们的结构尺寸、电功率消耗、重量、稀释空气需求等原因造成的。它们由挥发性颗粒去除器（Volatile Particle Remover，VPR）和实际数量测量设备、冷凝颗粒计数器（Condensation Particle Counter，CPC）组成，是一种光学测量方法。首先将液体冷凝到单个颗粒上，对此，PMP 兼容测量设备中的 CPC 使用正丁醇作为工作介质。然后，所形成的液滴通过一条激光束反射所出现的入射光，从而产生单独的闪光。这些闪光作为脉冲由传感器采集并计数。该方法具有很高的灵敏度，并在粒度尺寸分布（由 CPC 的内部设计提供）上具有精确定义的计数效率曲线。当仅测量固体颗粒时，挥发性组分在 VPR 中蒸发。同时，VPR 防止先前蒸发的挥发性组分再冷凝。

CPC 的替代方法是使用扩散充电器（Diffusion Charger）型传感器。该方法首先将颗粒在电场中进行静电充电，以便于随后在静电计平台上对其进行检测。作为第一近似值，测得的信号与颗粒数成正比。许多常见的扩散充电器的问题是即使很小的粒子也要充电（在 PMP – CPC 中，检测到 <23nm 的颗粒的概率是非常低的）

以及大颗粒（ > 200nm）的不均匀充电。在所谓的高级扩散充电器中，通过使用脉冲除尘器（分离器）和特殊的法拉第 - 笼式静电计来补偿这些影响。因此，这近似于 PMP 兼容的 CPC 的计数效率曲线。与 CPC 相比，高级扩散充电器的优势在于其紧凑的结构形式，对振动、冲击和倾斜的不敏感性以及易于操作。此外，不需要酒精作为工作介质，具有更大的测量范围也是其优点之一，因为对稀释系统的要求更低。该方法的缺点则是不能直接测量颗粒数量。高级扩散充电器在实验室中针对参考值进行了校准。在测量来自发动机的废气时，可能会与参考值（如 PMP 系统）有所偏差。另外，其在低颗粒浓度下的灵敏度比 CPC 更低，但可以通过使用更低的稀释率来补偿。有关高级扩散充电器的详细信息，可以在文献 [6] 中找到。

废气质量流量

RDE 法规规定使用废气流量计（Exhaust Flow Meter，EFM）对废气质量流量进行模态测量。由于目前在乘用车转鼓试验台上还不允许对废气质量流量进行模态测量，因此 EFM 的要求是从商用车在线服务合规性法规中导出的，其中 PEMS 测量技术已经建立多年了。

皮托（Pitot）管测量原理（恒定压力）结合了高温废气条件下的强大鲁棒性和较低的废气背压，占据了一定的市场份额。皮托管测量原理的系统缺陷是对小的质量流量的检测。伯努利（Bernoulli）方程式作为基本关系式，定义所需要的废气流量作为测得的压差平方根的函数。对于小流量（ <10kg/h），该方法测得的压差非常小（ <<10Pa），因此难以达到精度要求。就测量技术而言，这是很困难的，因为对压力传感器的最小漂移效应已经在被测流量中产生了很大的偏差。从历史上来看，根据商用车 ISC 法规，这对柴油机并不是问题。但是，这对乘用车 RDE 法规中排量小于 1L 的小型汽油机而言却是至关重要的。废气流中的强烈脉动则是另一个挑战。

全球定位系统（GPS）

在 RDE 行驶期间，GPS 数据（位置、高度、可见卫星的数量……）是使用市售 GPS 记录的。一方面，这可用于记录线路；另一方面，还能够证明其遵循 RDE 行驶期间累积的高程差（ <1200m）的要求。

根据 GPS 速度也可以确定行驶的距离。如果 GPS 信号发生故障，便很容易出错。基于这个原因，立法机关允许采用替代的方法。

OBD

通过 OBD 接口可以记录来自发动机控制单元的数据。但是，立法者非常重视这样一个事实，即确定排放所需的所有值都是"测量的"而不是从控制单元读取的。

问题仍然是确定车速并由此确定行驶距离。对这一数值的要求很高，因为它直接包含在每个排放结果中（以 g/km 为单位）。法规允许在 GPS、OBD 与其他"传感器"之间做出选择，但要求至少使用两种方法中的一种来验证所获得的数据。在日常使用中，这并不是很令人满意的，因为仍有很大的解释空间，并且难以实现数据处理的完全自动化。

关于测量技术的技术要求，当前版本的 RDE 法规实质上仅定义了需要在实验室证明的规格（精度、噪声、线性度等）以及附加的漂移要求，在 RDE 试验之前和之后需要分别检查这些漂移要求（RDE 行驶的起点和终点是相同的）。此处的要求显然存在相当大的差距，因为 PEMS 测量设备在实际行驶中不受海拔、温度或环境湿度的约束。立法者已经意识到这一点，并正在努力制定相应的要求。可以在文献［7］中找到在所有 RDE 条件下验证气体 PEMS 测量设备的示例。

5.2 技术实施

在技术实施中，证明了将 RDE 测量系统安装在车辆外部是可取的。市场上的所有系统都允许在拖车联轴器上进行组装，从而支持快速而简单的安装。通常情况下，在接通测量系统后，剩下的就是将 EFM 安装在排气尾管上（图 5.1）。

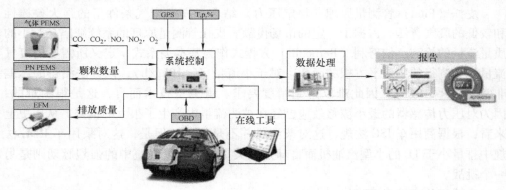

图 5.1　外部安装的 RDE 测量系统（PEMS）（来源：AVL）

这种结构的另一个优点是，测量装置已经非常靠近排气尾管上的废气采样点，这意味着可以缩短用于采样的加热管线的长度，从而减少能耗。利用这种结构，不必将废气排放导入车辆内部，从而对驾驶员的安全性也更加有利。

当然，在车辆内部安装 RDE 测量系统也是可以的，例如，在没有挂车挂钩的车辆（如跑车）中就采用了这种结构形式。

RDE 测量系统主要由测量传感器（气体、颗粒、废气质量流量、GPS 等）和作为集成单元的中央计算机所组成，该计算机主要基于 PC 技术并使用试验台系统的元件运行。软件在集成单元中运行，记录来自所有传感器和测量设备的数据并同步保存，并将 1Hz 作为数据速率的最低要求。在试验之前和之后（试验前检查和试验后检查），计算机将在必要的检查和校准期间执行测量设备的自动化。在试验期间中，测量值可以在线显示，也可以输出中间结果。

在市场上可获得的 RDE 系统的具体实现中，这些单独的元件可以采用不同的模块化进行设计。例如，气体排放和 PN 排放的测量技术可以组合在一个通用的测量设备中，也可以设置为两个独立的设备。

气体 PEMS

市场上的气体 PEMS 测量设备在结构上有很大的不同，区分的决定性参数是测量气体的制备类型。

"冷"气体 PEMS 通过测量设备中的加热管（大约 100℃）将废气吸入，并在冷却器中将测量气体冷却到大约 4℃。其中，废气中包含的水会被分离并去除。很低的水含量显著降低了各个分析仪的交叉灵敏度（水对 CO、水对 NO……），因此可以更简单地设计。去除水的缺点是必须用计算的方式校正去除的水量（干/湿校正）。"热"气体 PEMS 不分离水，但必须将整个测量路径保持在高于 60℃的温度下，以避免凝结，从而增加了对能量的需求。由于水对 CO、CO_2 和 NO/NO_2 的交叉敏感性是非常明显的，因此必须进行通过计算的方式或者通过更复杂的技术设计进行校正。

样品制备和测量原理的选择定义了气体 PEMS 是否可以"开放"或"封闭"地设计。当需要环境空气或其他辅助气体作为工作介质时，称其为开放系统。例如，NO 测量的 CLD 测量原理就要求使用臭氧作为反应气体。由于移动测量不希望携带臭氧瓶（考虑到安全性），最好由环境中的氧气来产生臭氧，因此，通往环境的测量路径是开放的。但是，臭氧化学反应取决于周围空气的状态（压力、湿度……），这使得难以将臭氧精确地分配到 CLD 反应室中。相比之下，光学的 NDUV 测量原理可以实现具有优势的封闭式设计，而不需要辅助介质。

样品制备的另一种形式是使用化学膜将水与测试气体分离。例如，水可以通过 Nafion 膜渗透性地释放到环境空气中。渗透的有效性以及设定的露点在很大程度上又取决于周围空气的状态（水分等）。如果测试气体中的水分含量像在内燃机中那样动态变化，则从技术上讲，在分析仪中要保持恒定的露点进行测量是非常困难的。含水量的变化不可避免地导致交叉敏感性和错误的测量。

颗粒物（PN）PEMS

当前市场上在售的 PN PEMS 设备在结构上也有很大的差异。市场上既有 CPC 传感器设备，也有扩散充电器设备。

对于 PEMS 系统，使用 CPC 会带来一些问题。由于液态的工作介质，系统的光学组件容易受到冲击和振动，CPC 只能在一定的倾斜角度下使用。此外，还要考虑在车辆上或在车辆内使用对健康有害的或易燃工作介质的影响。一些 PN PEMS 系统使用了带有预浸渍灯芯的 CPC，从而消除了液态工作介质的问题，但仍然存在振动敏感性的问题。此外，内部结构和工作介质（异丙醇）的不同，可能会影响与参考物（含正丁醇的 CPC）的可比性。

由于 RDE 测量必须涵盖更大范围的运行工况点，因此对 VPR 的要求也比对实验室测量的要求更高。在某些系统中，可以通过使用氧化催化器不可逆地除去挥发性成分来实现这一目标。

目前，具有催化 VPR 的高级扩散充电器具有更大的普及率，这主要是由于其易于使用以及市场的早期供货。不过，所有的系统方法都在不断地发展。

5.3 转鼓试验台的 PEMS 安装验证

RDE 法规"建议"在每次 RDE 行驶之前或之后，都要在 CVS 转鼓试验台上进行相关性测量。这种测量的目的是验证 PEMS 系统在车辆上的技术安装。为了进行验证试验，将 PEMS 系统（图 5.2）集成到 CVS 转鼓试验台的测试装置中，运行方式与道路行驶期间完全一致。EFM 直接安装在车辆上，气体和颗粒测量设备安装在挂车挂钩上。在某些情况下，这可能会为将车辆限制在转鼓试验台上带来挑战。

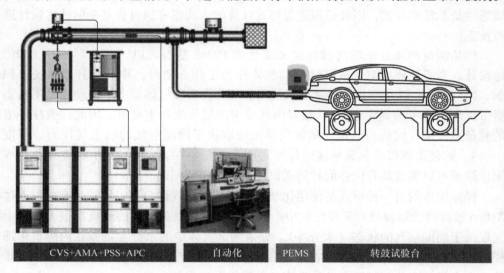

| CVS+AMA+PSS+APC | 自动化 | PEMS | 转鼓试验台 |

图 5.2 PEMS 验证试验的试验装置（来源：AVL）

这种结构基本的质量标准是：PEMS 系统与 CVS 转鼓试验台之间没有相互影响。实际上，这并非总能实现的。通过 PEMS 系统的构造，车辆的排气系统会增加一段附加的行程，这会导致压力损失增加，并且在某些情况下会改变气体动力学性能。此外，PEMS 系统在排气尾管上的 CVS 吸气口的连接也表明用 EFM 测量质量流量的气体动力学条件的变化。由于 PEMS 系统从废气中采集的量少，因此，对于小型发动机和低负荷/低转速工况，在 CVS 评估中需要有所考虑。从所有这些影响因素中可以推断出，转鼓试验台与 PEMS 之间的比较试验是非常有意义和非常重要的。

立法者为每个测量组件定义了一个相对精度和绝对精度，WLTC 参考循环必须遵守这些精度。例如，对于 CO_2，相对精度为 10% 或绝对精度为 10g/km，以较大者为准（表 5.1）。

表 5.1　PEMS 验证试验的允许公差（来源：AVL）

参数	允许的绝对公差（实验室参考值）
距离	250m
THC	15mg/km 或 15%，以较大值为准
CH_4	15mg/km 或 15%，以较大值为准
NMHC	20mg/km 或 20%，以较大值为准
PN	10^{11} p/km 或 50%，以较大值为准
CO	150mg/km 或 15%，以较大值为准
CO_2	10g/km 或 10%，以较大值为准
NO_x	15mg/km 或 15%，以较大值为准

PEMS 相关性测量与 CVS 相关性测量包括对两个完全独立且系统性不同的测量系统的比较。PEMS 系统会原始地和实时地记录排放浓度和废气质量流量（"原始模态"），而 CVS 转鼓试验台会收集稀释废气到袋中，并仅在试验结束后确定每个袋中的平均排放浓度。

当前，许多转鼓试验台还配备了与袋式测量类似的原始模态测量技术，并采用多种不同的方法来测量废气质量流量（CO_2 示踪法、用皮托管或超声波流量计直接测量、稀释空气的流量测量……）。即使协调性很好的转鼓试验台也无法在袋式测量与原始模态测量之间实现"完美"的关联。偏差 3% ~5% 被视为实际的指导值。造成这种情况的原因是多种多样的，而且对于每种有害物，其原因也是不同的。典型的原因包括直接测量小流量排气质量流量的准确性（如在 PEMS 系统中）以及袋中有害物成分的化学反应。

从系统上讲，PEMS 模态测量与 CVS 袋式测量的关联性绝不会比 CVS 袋式测量与 CVS 模态测量的关联性更好，因为这里还必须考虑其他可能导致偏差的原因：

● 即使按照法规要求准确地进行测量，PEMS 系统各个测量通道的时间校准也是误差的来源。众所周知，时间延迟不能精确地、恒定的映射，而是取决于发动机的负荷和转速。

● 根据气体 PEMS 中的排放测量是干式的还是湿式的以及去除的水分，对测量的浓度进行校正。法规中规定的公式虽已经过经验证明，但还是不能确保完美的相关性。

● 从模态测量数据计算排放结果原则上要求：对于每一个时间节点，测量的浓度与测量质量流量相"匹配"。目前，在瞬态条件下还不能保证这一点，例如，EFM 的响应时间明显快于气态排放分析仪。对于 PN 测量技术，响应时间还取决于测量原理（CPC 或静电计）的选择。

从目前的结果来看，有经验的用户可以在90%以上的情况下，满足PEMS验证试验的法规要求。

5.4 RDE 试验结果

5.4.1 道路行驶

图5.3（见彩插）显示了典型的RDE行驶的测量结果。行驶持续大约1.5h，从城市行驶开始，然后是陆路行驶和高速公路行驶。各个部分的速度可以清楚地进行识别。废气的质量流量基本上遵循发动机转速和负荷的变化，对于柴油机来说，CO_2测量值通常在0%～15%之间变化。在运行过程中，例如在滑行断油阶段，CO_2的值为0%，15%的CO_2值对应于$\lambda=1$，对于NO_x存储催化器的再生，柴油机在短暂时间内$\lambda<1$也是可能的。O_2的测量值是CO_2的"镜像"，CO_2中的氧直接来自燃烧的空气。

在行驶开始时可以识别出NO、CO和PN较高的数值，这是典型的冷起动特性。随着试验的进行，使用运行良好的废气后处理系统会使PN、CO和NO_x的排放量逐渐减少到接近零。

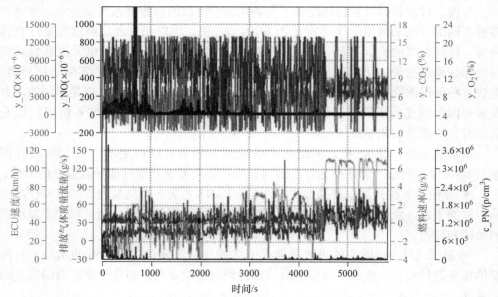

图5.3 带有4缸柴油机的中级乘用车典型的RDE道路行驶的结果（来源：AVL）

5.4.2 坡道行驶

由于坡道行驶的压力（海拔）、温度和湿度的变化范围较大，对车辆的排放特性和 PEMS 系统都形成了特殊的挑战。下文将展示这样的一次行驶并且讨论测量数据。应注意，本次行驶并不能有效地代表 RDE 行驶，因为其要达到 1700m 的海拔。在欧洲，RDE 行驶达到海拔 1350m 就是有效的；而在中国，RDE 行驶最大允许海拔为 2400m。

实施这种测量行驶的目的是在环境压力（海拔）、环境温度和湿度变化的情况下，验证真实 RDE 条件下的气体 PEMS。EU5 的 4 缸柴油车辆从海拔 500m 爬升行驶到海拔 1700m 的山上。上下坡时，在海拔约为 1100m 的收费站会出现短暂的等待时间。

图 5.4 显示了测量行驶的结果，并且是未进行任何校正的原始值。从最上方的两条曲线中，可以清楚地看到海拔和温度的变化。在整个爬坡行程中，速度是非常低的。在上坡行驶时，发动机具有更高的负荷，并记录了更多的 NO 和 NO_2（总和对应于 NO_x）排放。由于氧化催化器足够热，所以可以有效地工作，CO 实际上为零。长时间下坡行驶的特性非常有趣。可以看出，经历较长的滑行阶段（CO_2 等于零），废气后处理系统冷却下来，CO 的排放突然升高，又由于负荷低，NO 和 NO_2 始终保持在较低水平。

从气体 PEMS 的角度来看，该结果强调了在波动环境条件下的鲁棒性，可以精确地在每个海拔找到 CO、CO_2、NO 和 NO_2 的零点。

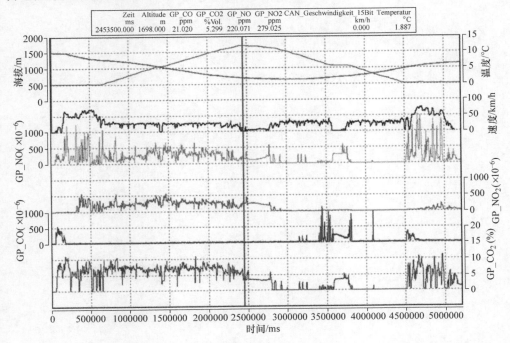

图 5.4 带有 4 缸柴油机的中级乘用车坡道行驶的结果（来源：AVL）

参 考 文 献

1. Verordnung (EU) 2017/1151, Europäische Kommission, 1. Juni 2017
2. Verordnung (EU) 2017/1154, Europäische Kommission, 7. Juni 2017
3. https://www.lumasenseinc.com/EN/products/technology-overview/our-technologies/ndir/ndir.html 1.3.2018
4. https://www.cambustion.com/products/cld500/cld-principles 1.3.2018
5. Heller, B. et al.: Evaluation of an UV-Analyzer for the Simultaneous NO and NO2 Vehicle Emission Measurement, SAE 2004-06-08
6. Mamakos, A. et al.: A Robust Solution to On-Board Particle Number Measurements, JSAE Paper, 2018
7. Pointner, V., Schimpl, T., Wanker, R.: Impact of varying ambient conditions during RDE on the measurement result of the AVL Gas PEMS iS. 17. Internationales Stuttgarter Symposium, 14. und 15. März 2017, Stuttgart

第6章　基于 RDE 的乘用车方案设计

到目前为止，仅在实验室废气转鼓试验台上对乘用车进行有关废气排放和燃料消耗的测量和评估。随着许可程序的法律变更，在实际环境和行驶条件下的排放测量和评估，将成为排放法规的固有组成部分（见第 2 章）。这意味着从根本上扩展了对柴油机乘用车的技术要求。图 6.1 显示了转鼓试验台与公共道路之间重要影响因素的比较。

	转鼓试验台	公共道路
驾驶路径	常量	变量
道路等级	常量	变量
整车载荷	常量	变量
驾驶风格	常量	变量
环境条件	常量	变量

图 6.1　转鼓试验台与公共道路之间重要影响因素的比较（来源：IAV）

典型的可变试验条件是气象和地理的环境条件、行驶路线和交通状况、车辆负载和驾驶方式。此外，由于废气转鼓试验台的实验室测量技术并非为移动用途而设计和批准的，因此有必要在车内以及车上携带测量设备（参见第 3 章和第 5 章）。同时，已在乘用车柴油机中确立的 EU5 和 EU6 发动机和废气后处理技术在氮氧化物排放（NO_x）方面显得特别重要。由于氧化催化器和颗粒过滤器的广泛使用，一氧化碳（CO）、碳氢化合物（THC）、颗粒质量（PM）和颗粒数量（PN）的排放尚未成为关注的焦点。由于柴油机的稀薄燃烧过程，氮氧化物（NO_x）的排放显得尤为重要。汽油机（$\lambda = 1$ 方案）中采用的废气净化技术，即三元催化器，由于柴油机燃烧过程中空气相对过量，不易在柴油机中使用。随 RDE 测试方法而变化的试验条件特别体现在乘用车柴油机中 NO_x 排放的敏感性上。图 6.2 显示了 RDE 试验条件对废气后处理前后 NO_x 排放的影响。该后处理是基于带活性 NO_x 废气后处理的 EU6 参考技术包。通常在乘用车中会使用 NO_x 存储催化器（NSC 或 LNT）和/或 SCR 系统（通用：$DeNO_x$ 催化器）。发动机出口与排气尾管排放之间的排放水平的差异是由催化器的转化引起的。在某些情况下，通过发动机内部的措施（机内措施）减少发动机的排放，从而可以在型式认可时符合限制值。在这种情况下，发动机的原始排放与排气尾管的排放相同。

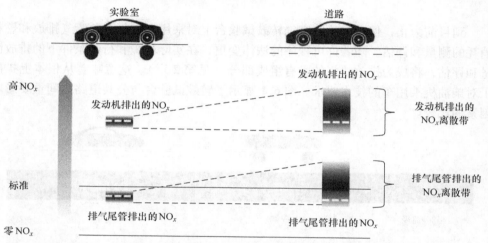

图 6.2　RDE 试验条件对废气后处理前后 NO_x 排放的影响（来源：IAV）

与实验室测试方法相比，扩展的可变试验条件会导致 NO_x 原始排放和 NO_x 尾管排放有一个很宽的变化范围。在设计未来的乘用车柴油机方案时，重要的是在技术上适当且经济上合理的措施中考虑这些法律上的试验要求。图 6.3 显示了 RDE 技术包的鲁棒性要求。

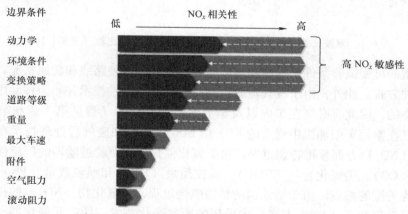

图 6.3　RDE 技术包的鲁棒性要求（来源：IAV）

特别地，对于 NO_x 排放鲁棒性，必须考虑驾驶方式、环境条件、自动档车辆中的换档策略以及驾驶路线的影响参数。根据对 NO_x 尾管排放的整体要求，可以将乘用车柴油机的设计转移到基本技术杠杆上，如下所示。

发动机原始排放和 NO_x 催化器的转化率都具有相似的潜力，可以满足尾管排放的要求。关于发动机原始排放，应考虑使用手动或自动变速器对特性转换的影响。内燃机的负荷和转速水平与排放、废气温度和废气质量流量水平有关，因此也会影响废气后处理系统的功能。催化器的转化率在很大程度上取决于这些因素。废气质量流量通过催化器的体积来表示对乘用车催化转化器的转化特性很重要的参数"空速"。

图 6.4 描述了实验室测量与道路测量的 NO_x 排放水平和鲁棒性目标。

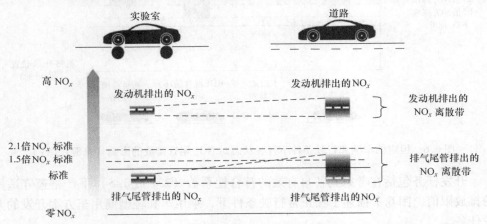

图 6.4　实验室测量与道路测量的 NO_x 排放水平和鲁棒性目标（来源：IAV）

通过适当的技术措施，使得实验室（废气转鼓试验台）的 NO_x 尾管排放与道路试验的 NO_x 尾管排放在可比的行驶状态下保持一致（虚线）。同时，在实际驾驶情况下，必须提高 NO_x 对各种可变影响因素的鲁棒性。其结果是减小发动机原始排放和尾管排放的 NO_x 离散带（柱高），以确保符合给定的 2.1（2017 年）和 1.5（2020 年）的符合性系数。

图 6.5 描述了所需的 RDE 技术包的有效性。

由于技术上的解决方案多种多样，因此需要选择和定义合适的技

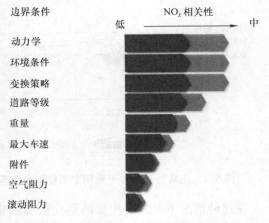

图 6.5　所需 RDE 技术包的有效性（来源：IAV）

术或技术包，以降低 NO_x 尾管排放对关键影响参数的敏感性。在这种情况下，还应注意适应各种车辆级别和类型。不同车辆、发动机和变速器的组合，在相关的实际行驶状态下会有不同的影响作用。车辆质量、行驶阻力等车辆的技术特性会通过特性转换直接影响发动机的运行状态。图 6.6 显示了在恒定的车辆状态和行驶条件下，不同行驶模式（低负荷循环、RDE 混合循环、高负荷循环和 WLTC 参考循环）的行驶状态对 NO_x 尾管排放所受的影响。

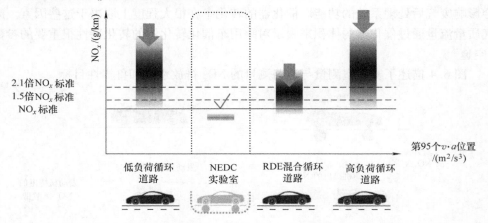

图 6.6　恒定的车辆和行驶条件下行驶状态对 NO_x 尾管排放的影响（来源：IAV）

开发任务包括在考虑到各自有效的符合性系数（2.1 或 1.5）下严格遵守适用的排放限值。图 6.7 描述了在正常行驶条件下，乘用车和轻型商用车方案开发的开发任务。

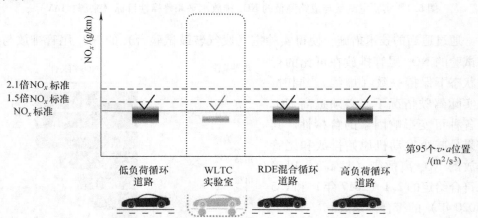

图 6.7　正常行驶条件下乘用车和轻型商用车方案开发的开发任务（来源：IAV）

在这种情况下，需要注意的是立法者确定的有关正常驾驶的适用范围。第 95 个 va_{pos} 参数定义为表征行驶状态的重要参数，它描述了速度（v）和正加速度

（a_{pos}）乘积的 95%。

在特定驾驶条件下，遵循排放规范的技术包的方案考虑了与替代驱动方案竞争的经济因素。对此，乘用车柴油机更需要考虑与替代驱动形式相比的经济效率因素。

考虑到车辆级别和变速器类型等车辆特征的差异，从燃烧技术和废气后处理技术方面为 RDE 方案开发开辟了基本自由度（图 6.8）。如果选择适当的技术，那么这两种方法在一定的框架范围内可以彼此独立地起作用。

技术包的特性来自发动机 – 车辆组合的特定边界条件。

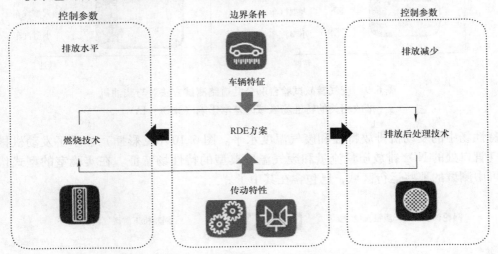

图 6.8　RDE 方案开发的基本自由度（来源：IAV）

6.1　柴油机乘用车

来自测试方法和车辆 – 发动机 – 变速器组合的要求将直接影响发动机的特性。为了评估发动机特性，在发动机特性场中通常会显示技术模块的有效性。发动机的重要特征会映射在稳态的、与发动机转速和转矩相关的发动机特性场中。图 6.9 显示了废气转鼓试验台（实验室）和公共道路（道路）测试方法对发动机特性场区域的基本影响。

由于试验条件变化的影响，典型的汽车级别（小型汽车和大型汽车）在实验室试验台和公共道路的情况下，在稳态的发动机特性场中具有不同的运行工作点。由于参考试验循环（NEDC 或 WLTC）中型式认证的影响因素有限，只有部分发动机运行区域与运行范围受限制的全负荷相关。另一方面，可以清楚地看到，公共道路实际行驶过程扩展了运行区域。与排放相关的区域不仅包括接近或全负荷的区域，还包括极低负荷的区域。柴油机和相关的废气后处理方案优化的基本参数，是

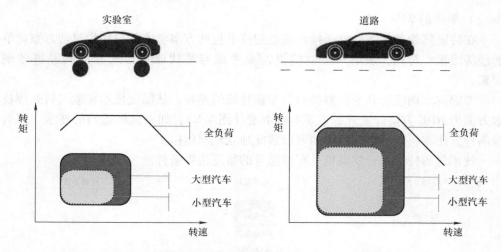

图 6.9　废气转鼓试验台和公共道路测试方法对与柴油机
排放相关的特性场区域的基本影响（来源：IAV）

特性场中的发动机排放特性和废气温度水平。图 6.10（见彩插）显示了发动机排
气管口处的 NO_x 排放质量流量和废气温度典型的特性场特征。在实验室的型式认
可中测试的那些运行区域，已包含在其中了。

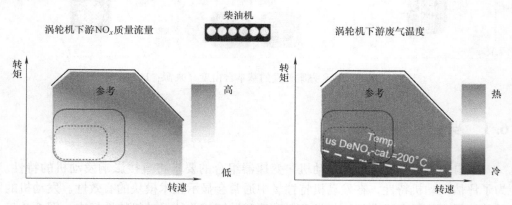

图 6.10　在发动机出口处的 NO_x 排放质量流量和废气温度以及已在实验室的型式认可中
进行测试的运行区域的典型特性场特征（来源：IAV）

　　在废气温度特性场中，以 $DeNO_x$ 催化器中有代表性的 200℃ 的废气温度特性曲
线为例进行说明。这可作为识别典型的、当前量产的、汽车废气催化器运行范围的
参考值。在废气温度高于 200℃ 时，NO_x 催化器通常具有相当好的鲁棒性。低于
200℃ 时，转化率下降的风险增加。在技术开发和合适的 RDE 技术包方案设计时要
注意这些基本关系。特别地，可以确定两个活动领域：在当前典型的乘用车柴油机
中，涉及高负荷区域和低负荷区域。由于在公共道路上测试条件的变化，发动机的

运行状态变得与排放相关，这使得必须在排放方面进行设计匹配。一方面，可能有必要针对 NO_x 排放水平，在更高的负荷区域进行设计匹配，以减少 NO_x 排放。但是，这里必须考虑经典的稀薄燃烧过程中 NO_x、颗粒排放和 CO_2 排放目标之间的冲突。当然，也可以借助足够高的 NO_x 催化器的转化率来补偿更高的 NO_x 原始排放水平。发动机特性场的低负荷区域特别令人关注。为了确保 NO_x 催化器具有持续鲁棒性，必须使催化器的功能与工作温度窗口相匹配。当然，也可以使运行温度与 NO_x 催化器的位置相匹配。但是，在这种情况下，设计 RDE 技术包时有必要考虑不断提高的车辆动力总成效率，以及由此导致的燃油消耗下降。乘用车发动机的方案开发会同时出现严格遵守排放限制值的要求，以及遵守欧洲 CO_2 法规的 CO_2 车队限制值的要求，这最终会导致发动机出口处的废气温度呈持续下降的趋势。图 6.11（见彩插）显示了基于在发动机特性场中考虑与 RDE 相关的发动机运行状态的同时减少 NO_x 和 CO_2 排放的典型开发策略。一方面，RDE 方案开发的目标聚焦于中、低转速范围内，直到全负荷情况下明显降低的 NO_x 原始排放水平；另一方面，方案开发的目标是减少发动机中、小负荷时的 CO_2 排放。废气后处理的目标是在发动机原始排放与所要求的尾管排放之间保证鲁棒性和足够的催化转化率。

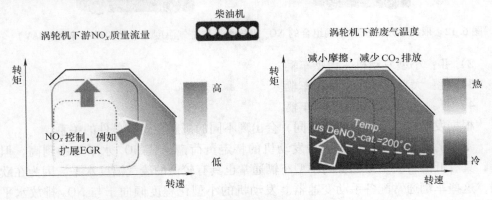

图 6.11　考虑与 RDE 相关的发动机运行状态的同时减少 NO_x 和
CO_2 排放的典型开发策略（来源：IAV）

　　要定义的技术模块必须在其特性的总和上与基本的技术和经济要求相一致。
　　从对乘用车柴油机的一般 RDE 要求中可以导出对发动机性能的具体要求。考虑到车辆传动系与发动机之间的相互作用，可以得出 NO_x 排放水平与废气温度之间的关系。图 6.12 定性地给出了取决于发动机 – 车辆组合的 NO_x 排放水平和排气温度水平之间的关系。
　　从图 6.12 可以看出，存在 4 种基本的组合，这种组合以组的形式描述概念性的临界情况：
　　1）Ⅰ：小型发动机 + 小型车辆。

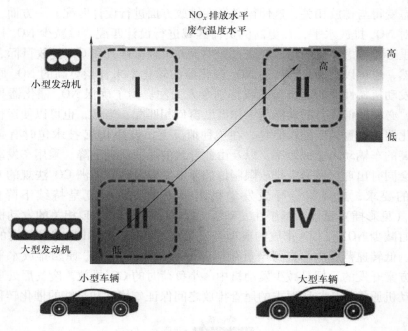

图 6.12　取决于发动机 – 车辆组合的 NO_x 排放水平与排气温度水平的关系（来源：IAV）

2）Ⅱ：小型发动机 + 大型车辆。

3）Ⅲ：大型发动机 + 小型车辆。

4）Ⅳ：大型发动机 + 大型车辆。

根据发动机 – 车辆的组合不同，会出现不同的概念性边界条件的关系。

Ⅰ组的特点如下：由于小型发动机的特定负荷谱，其 NO_x 水平为中到高。但是，具有低的行驶阻力趋势的小型车辆通常也具有较低的废气温度水平，因为在欧洲，这些车辆通常配备手动变速器。发动机的小型化程度倾向于与 NO_x 排放水平相关，并且与排气温度水平成反比。该组车辆的主要特点倾向于高的 NO_x 原始排放，它需要足够的 NO_x 转化率。由于小型发动机相对较高的负荷水平，平均排气温度在中等水平上变化。但是，如果可以实现具有多级串联废气涡轮增压的小型发动机的高功率密度，则相对催化器而言是低水平的涡轮系统后的排气温度是可以接受的。然而，该组车辆的特殊特征是非常有限的安装空间和高度的成本敏感性，这使得使用复杂的废气后处理技术变得困难。

由于小型发动机的特定负荷谱，Ⅱ组的特点是具有非常高的 NO_x 水平。具有高行驶阻力趋势的大型车辆具有较高的排气温度水平。发动机的小型化程度也趋于与 NO_x 排放水平相关，并且与排气温度水平成反比。这组车辆在主动废气后处理中通常需要较高的 NO_x 转化率。由于与车辆尺寸相比，发动机的排量较小，因此平均废气温度向较高的水平移动，并且为催化废气后处理提供了相对有利的条件。

　　Ⅲ组的特点如下：由于大型发动机的特定负荷谱，在较低和中等负荷区域内的 NO_x 水平较低。具有低的行驶阻力趋势的小型车辆具有非常低的废气温度水平。该组车辆经常显示出对主动排气温度管理的明确要求，以便将主动废气后处理系统尽快带入工作温度窗口，或将催化器保持在要求的温度。

　　Ⅳ组的特点如下：由于大型发动机和大型车辆的特定负荷谱，在较低和中等负荷区域内的 NO_x 水平较高。具有较高行驶阻力趋势的大型车辆，例如 SUV，具有相对较高的平均废气温度水平。通常，这组车辆配备的是自动变速器。这组车辆通常显示主动废气后处理需要较高的 NO_x 转化率，以减少高负荷区域内的 NO_x 排放。平均废气温度通常向足够高的水平移动，并且为废气催化后处理提供相对有利的条件。然而，由于对行驶功率的要求，大型发动机通常配备多级废气涡轮增压。如果废气涡轮增压按照顺序排布，则对废气后处理的热力学的加热性能提出了很高的要求。涡轮系统对热能的消耗会阻碍催化器在冷起动后迅速达到工作温度范围。

　　通常，可以将方案设计的基本方向分配给不同的车辆 – 发动机组合。图 6.13 显示了分配给不同组的技术模块和组合。

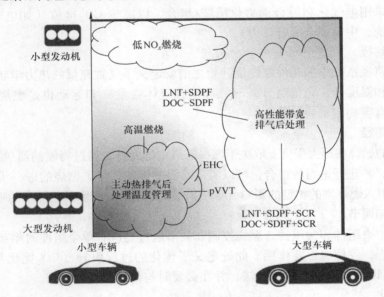

图 6.13　分配给不同车辆 – 发动机组的技术模块和组合（来源：IAV）

　　对于小型发动机和小型车辆的组合和由此导致的此类车辆狭窄的安装空间和较高的成本敏感性，方案开发的重点是减少发动机的原始排放，紧凑型的废气后处理系统可以解决这一问题。对于大型发动机和小型车辆的组合，方案开发侧重于主动热管理以及低温区域内的高性能主动废气后处理。从概念上来讲，对催化器的 NO_x 转化有很高的要求，因为对排气温度进行主动热管理的措施［例如电加热的催化器（EHC）］会对燃料消耗和 CO_2 排放产生负面影响。对于小型和大型发动机与大型车辆的组合，方案开发聚焦于非常高效的、主动的、大范围的废气后处理，这为减少 CO_2 排放量提供了操作空间，因为这些级别的车辆通常可以提供必要的安装空间，并且对成本的敏感性较低。

下面将针对各种技术模块的特性，以及它们对实现总体目标的贡献状况进行更详细的描述。

6.1.1　柴油机技术

大量技术模块可用于实现功能要求。图 6.14 显示了各种技术措施的概貌，这些技术措施适应于优化有害物排放和 CO_2 排放的柴油机技术。

发动机组件的功能开发趋势可以分配给特定的技术组：

燃烧过程

柴油机的燃烧过程基本上是通过空气路径元件和燃料路径元件来确定的。另外，靠近燃烧室的硬件设计（气缸盖、活塞）也会影响柴油机的燃烧过程，可以使用控制算法和调节算法将这些组件集成在一起。这种柴油机车辆的基本结构，越来越多地采用电气化和混合动力化措施/组合，以减少 CO_2 排放（如电驱动辅件、起 – 停系统、中度或全混合动力）。

空气路径

空气路径系统中的元件在燃烧开始之前就定义了气缸充量的热力学状态。除了气缸压力和温度外，充量组分（氧气和惰性气体含量）和运动也是燃烧和由此产生的相关有害物的重要参数。

燃油路径

随后的燃烧在很大程度上取决于燃料通道中的元件。通过将喷油器/喷嘴和蓄压器（"共轨"）进行适当的组合，可以实现所需的燃油计量。燃烧的进一步变化会受到将燃料引入燃烧室的类型的影响（如喷射模式、喷射过程和基于需求的喷射）。

控制和调节

作为中央组件和父组件，燃烧控制和调节通过与所有单个组件的相互作用来调整燃烧过程，发挥着重要作用。此处定义了优化的过程引导（CO_2 优化与 NO_x PM 优化），可以遵循不同的逻辑方法，并在必要时与传感器一起工作。

电气化

电气化的组件包括所有影响发动机硬件（辅件，如水泵和油泵、动力助力转向）的损耗特性或支持柴油机热力学（进气加热、电驱动压气机、电加热催化器）的各种措施。

混合动力化

混合动力化包括为车辆驱动系统提供能量的可替代的第二种选择。这类元件的作用主要是减少燃油消耗。原则上要关注 60V 的电压限制，超过此电压限制，必须考虑特殊的安全预防措施，因为高电压水平可能会对人员造成危害。

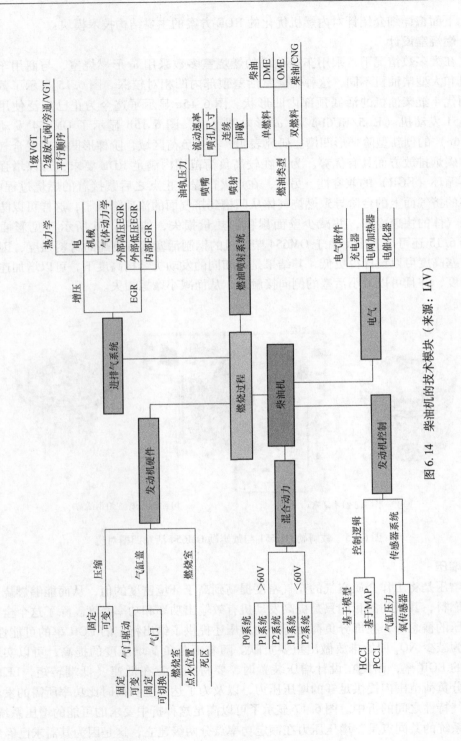

图 6.14 柴油机的技术模块（来源：IAV）

下面将详细介绍针对内燃机优化的 RDE 方案的主要结构技术模块：

燃烧室设计

在大多数情况下，乘用车柴油机的燃烧室多数采用 ω 形燃烧室，与商用车柴油机和大型柴油机不同，这种燃烧室活塞顶部内凹相对较深。图 6.15 显示了戴姆勒两代 4 缸柴油机的活塞顶部内凹形状。图 6.15a 显示了迄今为止已广泛使用的 OM651 发动机（EU5/EU6b）的 ω 形内凹形状，图 6.15b 显示了 OM654 发动机（EU6c）的创新型阶梯形凹槽。研究表明，在全负荷区域，阶梯形凹槽在混合气形成和碳烟排放方面具有优势。为了在较高负荷范围内满足 RDE 要求，可以增强排气再循环（EGR）的兼容性。另外，在点火行程上止点之后紧接着的燃烧过程中，活塞的挤气面上的台阶导致燃烧气体从凹槽到挤气面的流速降低了，这样可以防止燃烧气体的快速冷却，并减少壁面累积的热量损失，如图 6.16 所示（见彩插）。从图 6.15 还可以看出，由于 OM654 柴油机的钢制活塞具有更高的材料强度，因此其活塞高度可以设计得更低，其结果是在相同的发动机结构高度下，可以增加连杆的长度，并且可以减小活塞的侧向接触力，从而减小摩擦损失。

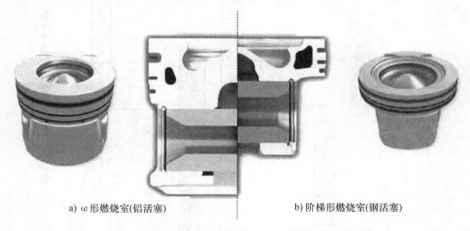

a) ω 形燃烧室(铝活塞)　　　　　　　　　　　　b) 阶梯形燃烧室(钢活塞)

图 6.15　戴姆勒 OM651 与戴姆勒 OM654 活塞凹槽对比

增压

增压是将工作介质空气的充气密度提高到高于环境密度的值，从而能够燃烧更多的燃料，其最初的目的只是提高发动机有效输出功率和功率密度。除了这个全负荷增压的概念外，在部分负荷运行中的增压还提供了给出特定的 EGR 率的可能性，从而为减少 NO_x 原始排放做出重要贡献。随着部分负荷增压度的提高，可以实现更高的 EGR 率，因此在设计增压装置时，要特别注意在低速（低端转矩，LET）和部分负荷范围内提供足够的增压压力，以及为了达到全负荷时比功率所需的发动机进气特性之间的折中。图 6.17 显示了可以满足这种折中要求的可能的增压系统。所有系统的共同点是：增压压力在额定功率点分两级建立，这是因为其需求已经超过了在乘用车结构尺寸中一级离心压气机所能达到的值。除了布局 4 外，这可以通过一个废气涡轮增压器（ATL）的串联连接来实现。为了实现高性能的部分负荷增压和增压响应性能，布局 1 和布局 5 中的这些涡轮增压器组合同样与处于低压（ND）位置的电驱动的轴流式压气机（48V 系统）串联连接。

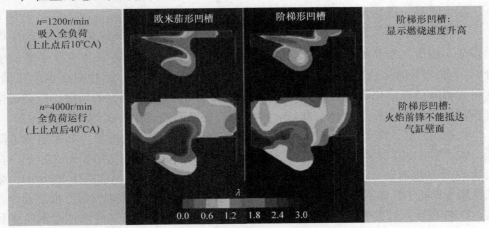

图 6.16　戴姆勒 OM651 与戴姆勒 OM654 的燃烧比较

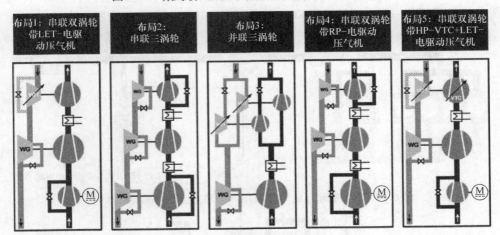

图 6.17　增压系统示意图

作为替代方案，布局 2 中使用串联在高压（HD）位置的第三个涡轮增压器（ATL）。在布局 3 中，宝马和博格华纳涡轮增压系统公司（BorgWarnerTurbo Sys-tems）提出了所谓的三涡轮方案（R3S），即在高压位置并联连接两个涡轮增压器（ATL）。根据增压压力和流量的要求，可以设置高压涡轮增压器单个运行（部分负荷）或并联（全负荷）运行。在高功率变型中，这个方案共使用了 4 个废气涡轮增压器（两个废气涡轮增压器处于高压位置，另外两个废气涡轮增压器处于低压位置）。布局 4 显示了油耗和排放方案。在部分负荷运行中，相应的小型两级废气涡轮增压器可提供必要的增压压力。在全负荷运行中，处于低压（ND）位置的机械耦合的轴流式压气机（RP – mCompressor）与中压级（MD）压气机共同承担这项任务，而高压级压气机则被旁通。与布局1相比，布局5在高压级上还配备了可变压气机（Variable Trim Compressor，VTC）。

组合式高、低压排气再循环

排气再循环系统通常可以提供最大的降温作用，以显著减少柴油机的 NO_x 原始排放。将废气与新鲜空气混合会降低氧的浓度和混合气的热值（三原子废气组分 H_2O 和 CO_2 的比热容更高），因此，不仅反应速度会降低，燃烧温度也会降低，这将大幅降低氮氧化物的形成。然而，在柴油机中存在目标冲突的问题，即高的排气再循环率虽然会导致低 NO_x 排放，但同时会促进燃烧过程中碳烟颗粒的形成。

在这里，必须准确权衡排气再循环率。随着发动机负荷的增加，如果氧含量降低，碳烟颗粒的排放将呈增加趋势，因此在这种运行状态下，必须降低 EGR 率。在设计 EGR 系统时，必须区分高压排气再循环和低压排气再循环。在高压 EGR 中，废气从废气涡轮增压器涡轮机前方的排气歧管中获取，并直接导入进气管。根据设计方案，EGR 在导入过程中冷却。在低压 EGR 中，可将废气从废气涡轮增压器涡轮机和柴油颗粒过滤器之后获取，并引出到压气机之前，通常在这里进行 EGR 冷却。图6.18显示了带一级增压的多路 EGR 系统，图6.19 显示了两级增压的情况。

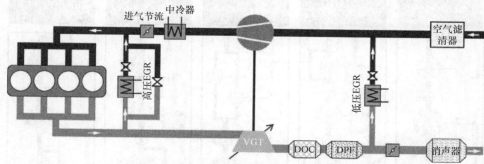

图 6.18　带一级增压的多路 EGR（冷却）系统（来源：IAV）

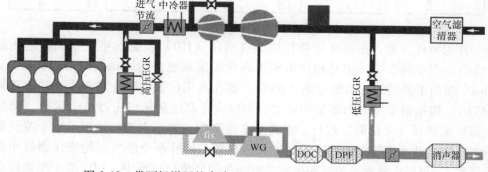

图 6.19　带两级增压的多路 EGR（冷却）系统（来源：IAV）

可变配气机构

可变配气机构（VVT）通常分为可调节进气凸轮轴（可能还有排气凸轮轴）配气正时的系统（即所谓的相位调节器）、具有进排气门行程调节功能的系统，以及全可变配气系统。在柴油机上使用这种 VVT 系统时，其重点是借助内部 EGR 在冷起动后加热发动机。图 6.20 所示为可独立切换的气门行程调节系统（结合相位调节功能），可以实现第二次排气行程。

可变压缩比

考虑到未来的法规要求，在乘用车柴油机中应用可变压缩比（VCR）有三个出发点（图 6.21）。

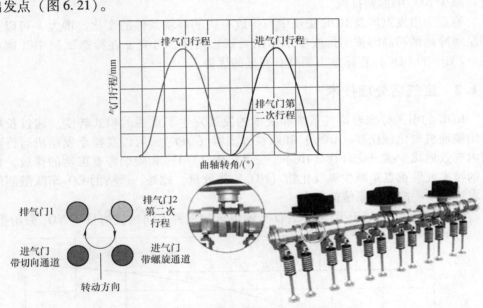

图 6.20   VVT：可独立切换的行程调节系统

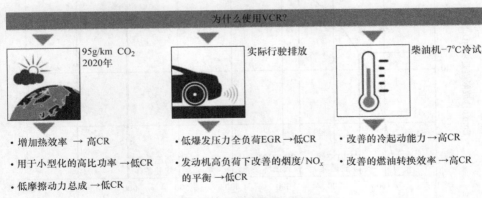

图 6.21   柴油机 VCR 的潜力

第一个出发点是自 2007 年起生效的 CO_2 法规。VCR 可以通过提高部分负荷运行时的压缩比（ε），从而实现优化的热效率，为实现 CO_2 目标做出贡献。此外，还可以使用 VCR 来提高发动机的比功率，这意味着可以通过进一步小型化柴油机来减少部分负荷运行时的摩擦损失。

第二个出发点是实际行驶排放（RDE）法规，这导致了与排放有关的特性场区域的扩展。即使 RDE 法规的第一阶段并没有考虑全负荷附近排放的必要性，但与商用车领域一样，从长远来看，这一要求也是可以预期的。与常规发动机相比，通过借助 VCR 可以实现在较高的负荷范围内减小 ε 的可能性，可以将更高的增压度与 EGR 结合使用。这不仅可以保持全负荷曲线和最大允许的气缸峰值压力，还可以减少 NO_x 的原始排放。

第三个出发点涉及 RDE 法规中与排放有关的环境条件的变化。增大 ε 可以为满足寒冷地区和高海拔的排放要求做出贡献。同样，可变 ε 在冷态试验中（例如在 $-7℃$ 下的 UDC）在排放方面具有明显的优势。

6.1.2　废气后处理技术

RDE 的引入标志着排气系统和技术的发展发生了重要的模式转变。通过长期使用柴油机氧化催化器（DOC）和颗粒过滤器（DPF），可以在整个发动机运行范围内有效地减少碳氢化合物（HC）、一氧化碳（CO）和碳烟等有害物的排放，现在的技术发展重点是减少氮氧化物（NO_x）排放量。此外，严格的 CO_2 车队限制值要求进一步提高整个系统的效率。

图 6.22 显示了基于平均发动机/车辆组合的三种不同驾驶情景下 NO_x 原始排

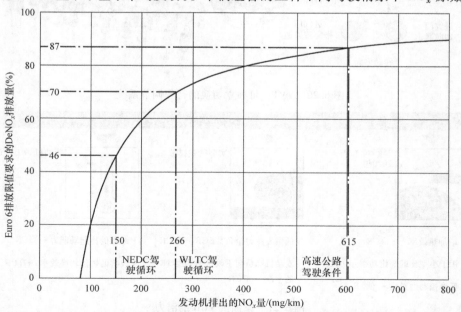

图 6.22　取决于 NO_x 原始排放水平和典型驾驶场景的 NO_x 转化率要求（来源：IAV）

放的较大离散。

主动的 NO_x 废气后处理（ANB）必须确保在各种边界条件下均符合固定的限制值，这对设计和应用来说是一项技术挑战。在本示例中，ANB 系统所需的 NO_x 转化率在 46% ~ 87% 之间，以实现 80mg/km 的 NO_x 排放（M1 类乘用车的 EU6 NO_x 限制值）。随着 RDE 的引入，除了行驶模态和发动机应用外，诸如交通、拓扑结构、驾驶员和环境条件等众多影响因素也变得越来越重要。由此提出了与 RDE 兼容的 ANB 系统的重要的功能需求：

- 在很宽的运行范围内，NO_x 的平均转换效率高达 90% 以上。
- 在寒冷的环境条件下，具有冷起动能力和低温下的高活性。
- 在高负荷范围内（如高速公路）热机行驶时，NO_x 转换效率最高。
- 在整个产品生命周期中的高动态运行中，具有调节和应用的鲁棒性。

图 6.23 概述了与减少 NO_x 相关的 ANB 技术及其开发重点。可以看出，从催化器到方案设计和布置，再到传感器和调节的整个 ANB 系统必须开发为与 RDE 兼容，这不仅会涉及硬件，也会涉及软件。各自的发展趋势将在后文更详细地描述。

在排气温度较低（$T < 200℃$）和较高（$T > 400℃$）的整个运行范围内，对 NO_x 还原的要求导致需要使用多种 NO_x 减少系统。例如，自 2008 年以来，宝马（BMW）公司在其 US 方案中在汽车底盘上将靠近发动机的 NO_x 存储技术（NSC/LNT）和选择性催化还原（SCR）催化器结合使用。图 6.24 所示为 NSC – cDPF – SCR 系统的系统布局。

该系统可以在冷起动期间存储 NO_x 排放物，直到 SCR 系统达到其 $T > 180℃$ 的运行温度为止。对于 NSC 再生，也就是说为了减少在 NSC 中存储的 NO_x 排放，要求发动机周期性地、短暂地在富油状态下运行。戴姆勒最初还在 Bluetec – I 方案中采用 NSC 与被动 SCR 的组合。同时，戴姆勒在 2016 年新推出的 2L 柴油机 OM654 中使用了一种所谓的 SCR/DPF 作为发动机附近的部件。这是一个涂有 SCR 涂层的颗粒过滤器。它与增加 NO_2 产量的高涂层 DOC 相结合，显示出与基于 NSC 方案的类似的主动低温特性。图 6.25 所示为 DOC – SCR/DPF – SCR 系统的系统布局。

该系统不需要周期性地富油运行，其在低压 EGR 系统的分接点之前补充配置一个 SCR 催化器。奥迪在某些车辆的 3.0L 发动机中使用了 NSC/LNT 和 SCR/DPF 的组合，如奥迪 A4。图 6.26 所示为 NSC – SCR/DPF 系统的系统布局。

该设计方案可在对加热措施需求最低的情况下实现最大限度的低温活性。所有制造商的共同点是在柴油驱动装置中使用以尿素（AdBlue）或 NH_3 作为还原剂的 SCR

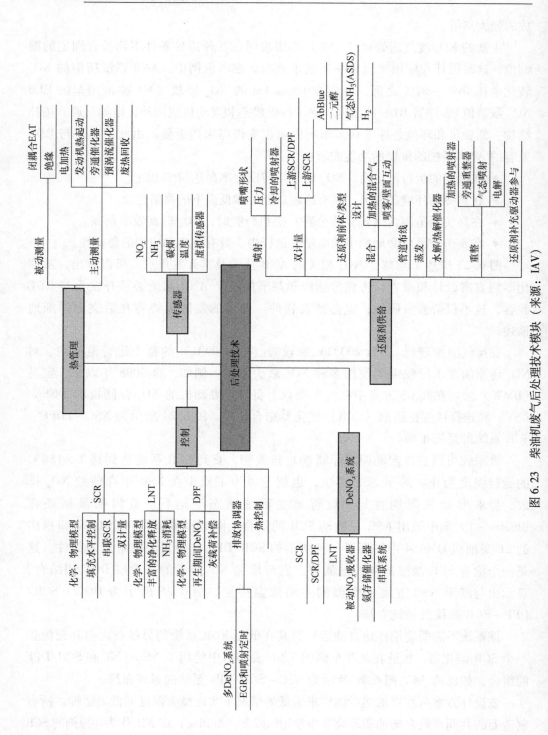

图 6.23 柴油机废气后处理技术模块（来源：IAV）

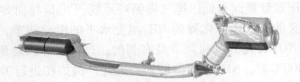

图 6.24　NSC – cDPF – SCR 系统的系统布局

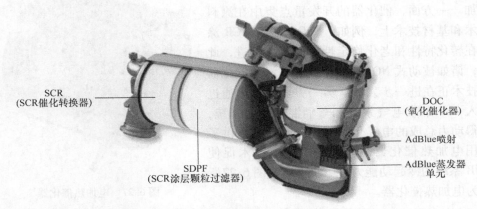

图 6.25　DOC – SCR/DPF – SCR 系统的系统布局

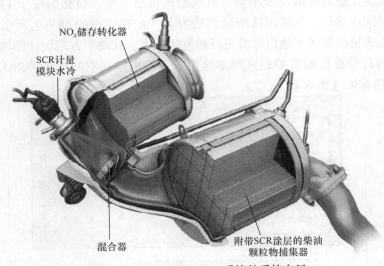

图 6.26　NSC – SCR/DPF 系统的系统布局

技术，主动降低 NO_x 的基础。对于高温应用，例如重型车辆中相对较小的发动机，可以根据需要在车身底部安装一个额外的 SCR 催化器。方案设计的目标是两个减少 NO_x 排放系统的热解耦。可以预期的是，还有更多的计量模块用于这种方案设计。为了保护发动机免受 NH_3 供应的影响并简化第二个 SCR 催化器的 NH_3 填充水平调节，第二个尿素计量阀与低压排气再循环系统（出口导向 SCR/DPF）的结合使用是特别有意义的。SCR 催化器的 NH_3 填充水平的单独调节，以及因此在各个 SCR 催化器中的 NO_x 转化的单独调节是有利的，这样，可以避免在靠近发动机的系统中，当 $T>400℃$ 时，NH_3 氧化的增加，因此，例如在进行 DPF 再生期间，使用 SCR 车身底部系统可以实现高的 NO_x 转化率。除了增加系统成本外，其缺点还有增加了系统的复杂性，难以封装的情况也将

增加。一方面，催化器的开发重点集中在涂料技术和基材技术上，例如，NSC 涂层和 SCR 涂层在转化特性和老化稳定性方面不断改进，此外，诸如被动式 NO_x 存储器或 NH_3 滑脱催化器的技术正在进一步发展。另一方面，例如通过引入 48V 车载电气系统和车辆混合动力系统，使得动力总成的电气化程度提高，从而提供了使用电加热催化器的可能性。这些技术促使 ANB 系统的冷起动能力进一步提高。图 6.27 所示为电加热催化器。

图 6.27　电加热催化器

电加热催化器的应用在方案设计上与车载电气系统的性能相耦合。重点应考虑的是电气性能，这直接取决于车辆中可供给的电压水平。最初的基于 14V 的应用在有限的时间内运行，其输出功率最大约为 1kW。在更高的 48V 电压水平的基础上，可以实现更高的功率输出以及更好的整体效率。在调节方案设计领域，基于化学 – 物理的行驶路段模型被越来越多地用于发动机控制中的单个 $DeNO_x$ 催化器，例如 SCR 和 NSC（图 6.28）。

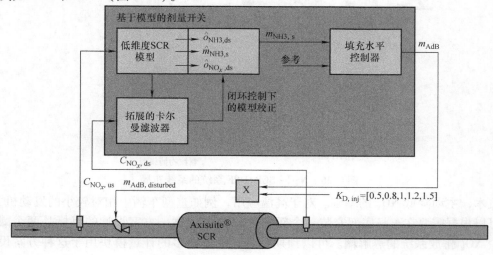

图 6.28　SCR 催化器的化学 – 物理调节设计方案

通过催化器反应动力学的构建和模型质量的相应提高，关于 NO$_x$ 转化率和 NH$_3$ 滑脱的调节质量的改进以及采用 NH$_3$ 滑脱预测的闭环调节似乎都是可实现的。同样，适应功能也可以简化，老化特性也可以得到改进。此外，如果使用预测模型，则还有节省传感器的可能性。

随着功能的扩展，方案设计上的目标设定可以尝试着将废气后处理的元件集成到动力总成环境中，该结构布置应尽可能紧凑，并具有高度的互锁性。在结构设计方面，试图将排气装置尽可能地靠近发动机放置，以最大限度地减少热损失。由于安装空间有限，而 SCR 应用时需要外围的尿素（AdBlue）喷射系统，因此通常只有在新开发的车辆和发动机方案中才有可能实现。为了能够在相关的车辆运行中确保足够的 NO$_x$ 转化率，催化器按不同的顺序运行。考虑到外形空间的限制，废气后处理的整体结构要与相应的车辆或车辆级别相匹配。在这种情况下，由于实际行驶排放的要求，随着 RDE 符合性系数的加严，具有 3 个活性 DeNO$_x$ 催化器的 ANB – SCR 系统被越来越多地采用。该架构的基本特征是扩大了废气污染的工作温度窗口。方案设计的目的是将低温范围和高温范围的功能分开。图 6.29 以 NSC – SCR/DPF – SCR – ASC 组合为例，显示了所选择的废气后处理系统布局的不同变型。

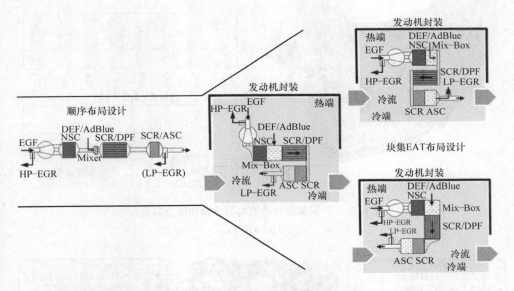

图 6.29　紧凑型 NSC – SCR/DPF – SCR – ASC 组合的布局变型（来源：IAV）

结合低温性能的改进，也可以尝试在涡轮机前面或可切换的涡轮机旁通管中布置催化器，这显示出很高的冷起动潜力，但需要采取诸如电增压之类的措施以确保发动机的性能和敏捷性。主动热管理的使用，即排气系统中基于需求的热量供给，也变得越来越重要。除了发动机和电加热措施外，还包括废气能量的回收和潜热的存储。SCR 还原剂的制备对于 SCR 催化器的性能最大化是非常重要的。用尿素水溶液（AdBlue®）作为还原剂，具有广泛的市场渗透率。其前提条件是稳定且高的 NO_x 转化率，高的 NH_3 产量和高的抗 NH_3 滑脱的鲁棒性以及在 SCR 催化器前的 NH_3 的高度均匀分布（这归因于混合段非常紧凑、混合长度短的趋势）。根据 RDE 要求，NH_3 的分布均匀性要超过95%。图 6.30 显示了戴姆勒公司的一个设计实例。

另一个重要的趋势是：即使在较低的排气温度（$T < 150℃$）下，ANB 系统仍可有效供给还原剂。常规的基于 AdBlue 的系统在这一方面遇到了物理限制，因为加入的尿素水溶液需要足够的废气焓才能蒸发水以及水解和热解 NH_3 产物。除了开发气态 NH_3 供应技术［例如 AdBlue 重整器或 Amminex 的氨储存和输送系统（Ammonia Storage and Delivery System，ASDS）］以外，还可以研究水解涂层、电加热喷射器和混合元件，并从成本 - 效益的角度进行评估。图 6.31 显示了组件制造商 Amminex 提供的 ASDS 的结构。

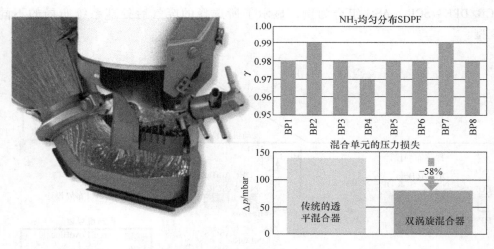

图 6.30　双涡旋混合器的均匀分布和压力损失

注：$1\,bar = 10^5\,Pa$。

图 6.31　ASDS 的结构

总而言之，RDE 虽然代表了未来柴油车发展面临的主要挑战，但是大量技术的进一步发展及其巨大的潜力清楚地表明，在整个发动机运行区域中的低排放设计方案在技术上是可行的，而且其中的一些方案已得到应用。

6.1.3　系统定义

技术

在前面的章节中，对各个技术模块的功能和有效性进行了描述。与 EU5 状态或最初的 EU6 状态相比，由于法律框架的内容发生了根本性的变化，因此，汽车动力总成的适配在技术上可能具有深远的影响。不同的车辆级别和发动机类型会受到不同程度的影响。从 EU5 过渡到 EU6，高档车领域的大型和重型车辆通常已经配备了合适的发动机的基本技术和废气后处理系统。相比之下，迄今为止，小型车辆已配备了非常经济的技术包（例如，仅限 NSC 的废气后处理系统）。现在，工程任务包括各种特定应用的、经济上优化的技术包的系统定义。这里的关键技术是主动式 NO_x 废气后处理系统。图 6.32 展示了代表高性能废气后处理系统的各种技术选择，其特征是两种不同技术的结合，不仅可以覆盖低温范围，还可以覆盖高温范围。

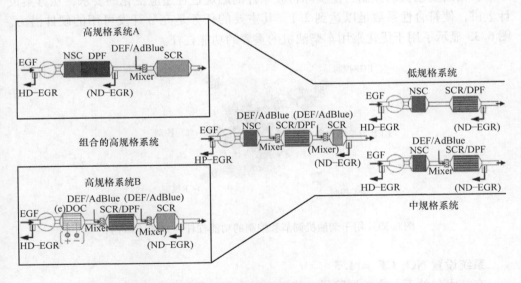

图 6.32　代表高性能废气后处理系统的技术选择。（来源：IAV）

SCR 技术构建了每个变体的基本技术。对于低温范围，可以使用替代的 NO_x 存储器技术或电加热的催化器，最好以 48V 为基础。作为发动机的替代或补充，部分可变的气门驱动装置可以确保 NO_x 催化器在实际行驶条件下稳定地运行。废气后处理系统将根据所需降低 NO_x 的潜力进行缩放。当需要大量地减少 NO_x 时，可以使用组合式的高性能系统（高规格系统 A/B）。根据发动机技术模块及其系统架构［如低压排气再循环（ND – EGR）］的不同，使用第二个计量阀来运行第二个 SCR 催化器在调节技术和经济上都是合理的。当需要适度地减少 NO_x 时，可以使用组合的基本系统（中规格系统）。当只需非常少量地减少 NO_x 时，则可以使用组合的且具有成本效益的基本系统（低规格系统）。但是，此时必须大幅度地减少发动机机内的 NO_x 排放。"低 NO_x 燃烧过程"与柴油动力装置高度电气化的结合可能适用于特定车辆级别的技术包。但是，这个系统需要对调节技术上进行优化。就时间而言，立法机关已就 NO_x 尾管排放定义了过渡阶段。在评估量产应用范围内技术可行性的监测阶段结束时，必须实现进一步的方案开发步骤，以便将符合性系数（CF）从 2.1 降低到 1.5。然而，可行性需要对动力总成方案进行深度适配，并进一步开发 PEMS 测量技术。

系统设置 NO_x CF = 2.1

第一项任务是确定技术需求，以满足法律要求。这就是说，第一步是要定义一个合适的技术包，该技术包在所有正常和相关行驶状态下的实际行驶排放下，能够使 NO_x 尾管排放最高值为有效的 NO_x 限制值的 2.1 倍。在基本的 EU6 技术包的基础上，借助发动机的控制，使实际行驶条件的燃烧过程适应变化的要求，从方案设计上讲，使符合性系数足以达到 2.1。其主要的任务是充分开发可用的硬件潜力。图 6.33 显示了用于优化乘用车柴油机的重要的功能杠杆。

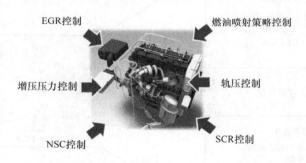

图 6.33　用于柴油机调节和控制的功能杠杆（来源：IAV）

系统设置 NO_x CF = 1.5

在技术包的下一个扩展阶段，将需要对它们进行匹配，以便在所有正常和相关行驶状态下运行车辆，并且在实际行驶排放中，其 NO_x 尾管排放最高值为有效的 NO_x 限制值的 1.5 倍。图 6.34 所示为 RDE 概念车（E 段）的示例，该概念车整合了重要的技术元件，并通过系统架构匹配从 EU5 基本型派生而来。

低排放研究车辆采用 ANB 高规格系统 B 的设计。图 6.35 所示为高性能废气后

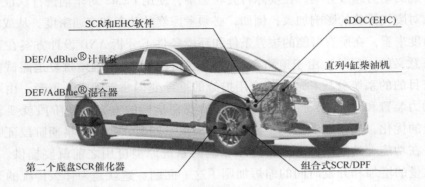

SCR和EHC软件　　　　　　　　　　　eDOC(EHC)

DEF/AdBlue® 计量泵

DEF/AdBlue® 混合器　　　　　　　　　直列4缸柴油机

第二个底盘SCR催化器　　　　　　　　组合式SCR/DPF

图 6.34　RDE 概念车（E 段）

处理系统的体系结构。

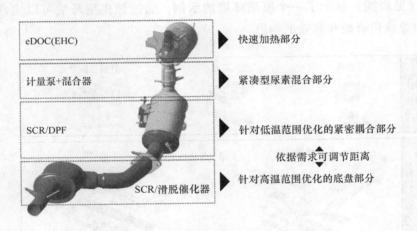

eDOC(EHC)　　　　　　　　　▶ 快速加热部分

计量泵+混合器　　　　　　　　▶ 紧凑型尿素混合部分

SCR/DPF　　　　　　　　　　▶ 针对低温范围优化的紧密耦合部分

　　　　　　　　　　　　　　　依据需求可调节距离

SCR/滑脱催化器　　　　　　　▶ 针对高温范围优化的底盘部分

图 6.35　高性能废气后处理系统的体系结构

　　该设计方案的重要组成部分是高性能的 ANB，它包括一个靠近发动机位置的金属基底的电加热催化器（EHC）。EHC 的催化器涂层已针对起燃性能、NO_2 产量和 HC 转化效率进行了优化，基础车辆涂层的 DPF 被相同体积的集成 SCR/DPF 所取代。与以前的技术相比，其碳化硅基材具有优化的、窄的多孔半径分布，因此可以达到较低的背压水平，同时增加了涂层的负载。为了得到较好的 NO_x 还原起燃特性，可以选择铜 - 沸石涂层，在车辆底部布置一个附加的 SCR 催化器，其规格在很大程度上符合当前乘用车 SCR 系统的标准。

开发方法

RDE 的引入还需要对开发方法进行重大更改，以便将来能够开发出强大的、合法合规的动力总成方案。在实际行驶状态下，使用 PEMS 对车辆进行认证可能会使参数对废气排放的影响加大；例如，必须考虑驾驶动态和交通密度。从成本－效益的角度来看，在所有可能的边界条件和环境条件下分析 ANB 设计方案在试验上是没有意义的。另外，由于道路交通的随机特性，不能精确地重复道路试验，这使得有目的的系统分析和适用的应用措施的推导变得非常困难。再者，由于现代柴油动力装置和 ANB 系统的日益复杂，需要在早期的方案开发阶段就要着手整个系统的优化，以便能够做出正确的技术决策。同时，必须在早期阶段证明硬件和软件在功能上的适用性，通常是在相应的系统原型可用之前就要提供。然而，变体数量的增加和开发时间的缩短加剧了这一问题。这就是为什么传统的开发过程逐渐被虚拟地描述整个过程步骤的基于模型的方法所取代的原因。因此，可以借助基于仿真的方法在办公桌上开发 RDE 设计方案和应用。这种方法的基础以及核心元素是环境模型与整个系统的经过验证的、高精度的模型的结合。图 6.36（见彩插）显示了一个模型环境的示例，通过该模型环境可以实现对复杂的动力总成包有效和高效的构思。

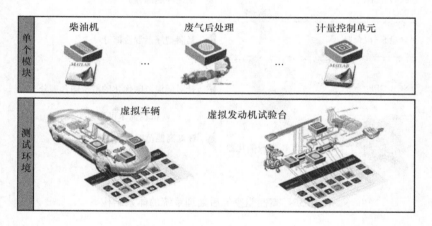

图 6.36　有效和高效地设计复杂的动力总成包的 CAE 模型环境

在离线车辆仿真中，高性能元件模型可用于行驶状况仿真的在环模型（MiL，Model in the Loop），以及在发动机试验台上与实际发动机一起作为快速原型应用，即元件在环（Component in the Loop，CiL）。虚拟开发环境是方案开发中非常强大的工具，有利于降低成本、缩短开发时间并确保经济性。有效仿真环境的关键因素是模型环境的高度灵活性和方法学上一致的结构。除了可参数化的气候条件外，环境模型还包含导入地图、指定交通密度和定义驾驶员特征等，如图 6.37（见彩插）所示。因此，这意味着可以在计算机上以数字方式规划道路试验，以便创建任何方

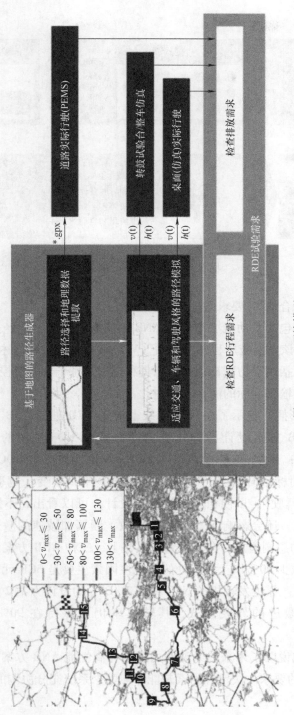

图 6.37　CAE 环境模型

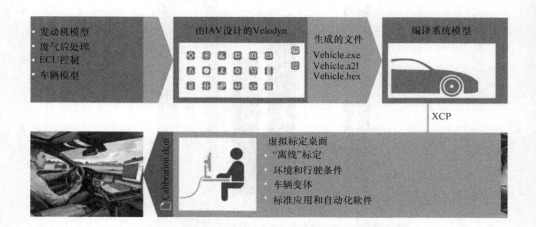

图 6.38 整个系统的模型

案，检查其是否符合 RDE 要求并进行模拟试验。

整个系统模型包含发动机、车辆和 ANB（包括控制器）的经过验证的高精度模型（图 6.38）。该虚拟应用程序工作站（VCD）不仅包括所描述的用于系统构建的部分模型，还包括用于仿真自动化的工具和过程，用于创建与控制与设备兼容的应用状态并将其传输到实际的测试车辆中。

图 6.39（见彩插）显示了在 RDE 路线上使用 VCD 进行 ANB 方案仿真比较的结果。所有的 ANB 方案设计都有几个主动的减少 NO_x 排放的系统（系统 A：NSC – cDPF – SCR；系统 B：NSC – SCR/DPF – SCR；系统 C：DOC – SCR/DPF – SCR）。结果是针对标准环境条件生成的。在仿真中，改变了驾驶员的驾驶风格（正常驾驶、激进驾驶），以便相互评价方案设计。可以看出，不同的驾驶风格不仅会影响驾驶时间，还会影响 NO_x 的原始排放。频繁加减速的激进驾驶方式会导致 NO_x 原始排放的急剧增加。在正常驾驶风格下，三种 ANB 方案设计都能够使该 RDE 路线的排放减少 90% 以上。此处的决定性因素主要是 SCR 元件。没有观察到明显的系统性优点。靠近发动机的 NSC 和 SCR/DPF 的设计方案 2 显示出最高的转换率。即使采用激进的驾驶方式，其转换率仍可保持在 90% 左右，仅降低 2% ~ 5%。

这非常清楚地说明了未来的柴油动力总成与高性能 ANB 方案相结合可以做些什么来满足 RDE 的要求。决定性因素是能够与整个系统充分协调的 ANB 方案。

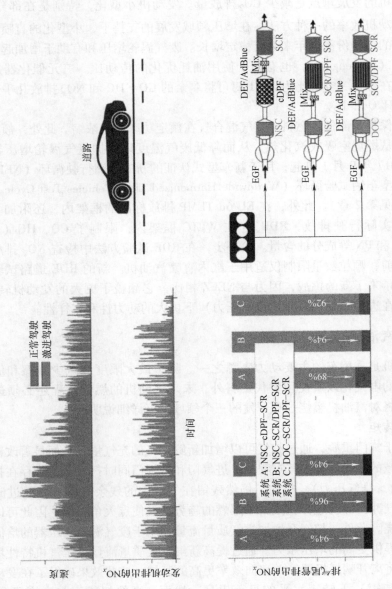

图 6.39　在 RDE 路线上使用 VCD 进行 ANB 方案仿真比较的结果（来源 IAV）

6.2 汽油机乘用车

汽油机的发展重点是减少 CO_2 排放量。发动机小型化，特别是在部分负荷下，是提高发动机效率的一种方法。在增压领域发展的支持下，小型化的直喷式涡轮增压发动机的市场份额多年来一直稳定增长。废气涡轮增压和有助于增加起动转矩的辅助扫气（Scavenging），也有助于使用油耗优化的传动比。三元催化器用于废气后处理，在燃料 - 空气比为 $\lambda = 1$ 时可将剩余的 CO、HC 和 NO_x 排放几乎全部转化为 CO_2、H_2O 和 N_2。

为了保护零部件，燃料 - 空气混合气在额定功率附近浓缩。此处，额外喷射的燃料量会从燃烧室吸收汽化热，从而降低废气温度以保护废气涡轮增压器和催化器。从 2017 年 9 月 1 日起，用于新车型式认证的新的欧洲行驶循环（NEFZ）被全球统一轻型车辆试验循环（Worldwide Harmonized Light Vehicles Test Cycle，WLTC）所取代（见第 2 章）。此外，在 EU 6d TEMP 排放标准的框架内，还附加了一个道路试验（实际行驶排放，RDE）。在 WLTC 框架内，限制了 CO、HC（NMHC）、NO_x、PM 和 PN 等成分的含量。第一步，在 RDE 试验方法中检查 NO_x 排放和颗粒数量。目前，颗粒数量限制仅适用于缸内直喷汽油机。新的 RDE 道路试验给汽油机的开发带来了新的挑战，因为与 NEFZ 相比，它涵盖了更大的发动机转速/负荷谱，以及在边界条件（环境温度和压力）下更大的动力性和多样性。

6.2.1 汽油机技术

汽油机是乘用车的主要动力来源之一。除了最大限度地减少摩擦和优化热管理、辅件的电气化以及使用替代燃料外，未来汽油机的燃烧过程还必须进一步开发。本节将对汽油机燃烧过程开发的三个领域进行详细说明。

起动转矩

借助于气门重叠，通过扫气可以增加新鲜空气的充气量，从而显著改善发动机在起动区域的转矩。在扫气过程中，进气门和排气门同时打开。由于存在扫气梯度（进气压力 > 排气压力），热的、仍然残留在气缸中的残余气体可以通过流入的冷的新鲜空气冲扫掉。这样就减少了爆燃的趋势并且使点火角提前，因此可以实现更有效的燃烧。此外，扫气会增加排气质量流量和用于废气涡轮增压器的焓值，这意味着可以提供更高的增压压力。通过提高新鲜空气质量流量，压气机特性场中的运行工况点将离开喘振极限，并移向效率更高的区域，这些效果确保了在发动机低转速（起动转矩）下转矩水平的显著提高。然而，高的扫气率与高度稀释的废气（$\lambda \gg 1$）相关，这就是三元催化器中 NO_x 减少受到限制的原因。为了在使用三元催化器时确保废气组分 CO、HC 和 NO_x 的完全转化，必须要大幅降低扫气率，以确保废气中的 $\lambda \approx 1$。如果允许在燃烧室中使用会对爆燃特性产生积极影响的性能优化的、$\lambda \approx 0.9$ 的浓燃料 – 空气混合气，从而允许更早的点火提前角，则仍可以在此运行范围内使用扫气。但是，此处的扫气率明显要低于如今的应用情况，并且差距在 10% 左右。扫气率的降低与转矩水平的降低有关，如图 6.40 所示。

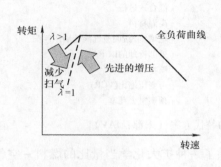

先进的增压系统
- 标准的废气涡轮增压器优化
  - 支承
  - 空气动力学效率
  - 减小惯量 (TiAL)
  - 可变微调压气机
- 多级增压
  - 可变喷嘴环系列压气机 (SC-VNT)
  - 两级增压
  - 机械增压 + 废气涡轮增压
- 电气化和电气化的多级增压系统
  - 电增压
  - 电增压 + 废气涡轮增压
  - 电辅助废气涡轮增压
  - 电增压 + 两级废气涡轮增压
  - 电动辅助可变增压器 (EAVS)
  - EAVS + 废气涡轮增压
  - 电辅助 SC-VNT

图 6.40　增压技术的发展趋势（来源：IAV）

汽油机增压领域的最新发展显示出弥补这种功率缺陷的巨大潜力。为此，必须在发动机低转速下提供较高的增压压力水平。图 6.40 显示了当前增压技术的发展趋势。除了优化当前使用的增压装置的支承、空气动力学和惯量外，采用可变结构的压气机也是发展的重点。多级增压单元可以将发动机的高功率与高的起动转矩结合在一起。动力总成的逐步电气化使得电驱动的增压系统得以使用，例如附加的电增压或电辅助增压。一个附加的电增压与一个废气涡轮增压器相结合，可以将发动机的高功率与高起动转矩相结合，同时还可以表现出出色的动态特性。此外，与两级涡轮增压系统相比，省略了第二个涡轮机，这在气体交换效率和废气后处理部件的加热特性方面也具有优势。附加的电增压在外形尺寸方面具有很强的灵活性，因为它可以独立于发动机的排气侧安装。另一种替代方案是集成 48V 起动发电机（ISG），在有负荷要求的情况下，它可以提供高达 12kW 的电功率，并直接传输到发动机的曲轴上。

零部件保护

由于需要对零部件进行热保护，现代汽油机在额定功率范围内加浓了燃料 – 空气混合气。特别是具有非常高的比功率的小型化发动机，有很高的浓混合气需求。较高的工作过程温度和压力所导致的爆燃敏感性要求推迟燃烧重心的位置，这将在没有混合气加浓的情况下也会以极高的废气温度表现出来。因此，为了保护废气涡轮增压器和催化器，混合气需要加浓，从而通过蒸发额外喷射的燃料从燃烧室充气中提取热量，废气温度由此而降低。其缺点是加浓的混合气使得 CO 和 HC 原始排放增加。由于低于化学当量比运行，它们无法在催化器中氧化为 CO_2 和 H_2O。

图 6.41 显示了额定功率下混合气加浓的替代方案。

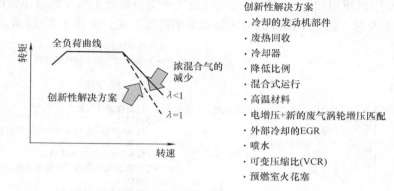

创新性解决方案
· 冷却的发动机部件
· 废热回收
· 冷却器
· 降低比例
· 混合式运行
· 高温材料
· 电增压+新的废气涡轮增压匹配
· 外部冷却的EGR
· 喷水
· 可变压缩比(VCR)
· 预燃室火花塞

图 6.41　混合气加浓的替代方案（来源：IAV）

水冷排气歧管和水冷涡轮增压器提供了一种扩大化学当量比的燃料 – 空气混合气范围的可能性。然而，该方法仅减少了加浓的需要，对爆燃趋势没有积极的影响。图 6.42 展示了带水冷排气歧管的汽油机的气缸盖。

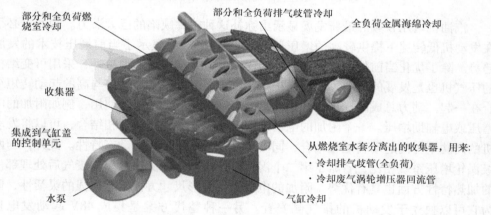

图 6.42　带水冷排气歧管的汽油机的气缸盖（来源：IAV）

喷水的潜力更大，对此，可以将水喷入进气管中或直接喷入燃烧室内。在图 6.43 中可以看到两种变体的潜力。通过水在燃烧室中的蒸发，可以降低燃烧温度，从而减小爆燃的趋势，实现较早的燃烧重心位置，总体效率也显著提高。另外，该过程也降低了对增压压力的需求，同时，更低的排气背压又在残余气体含量和爆燃趋势方面提供了优势。

但是，在将该技术投入批量生产之前，仍然有一些挑战需要解决，特别是供水问题，在一个附加的水箱中加注蒸馏水并不是优化的解决方案。

由于降低爆燃的作用，外部 EGR 提供了扩大效率优化的燃烧重心位置范围的另一种可能性。传统的汽油机在低负荷时使用未冷却的内部 EGR，这是通过气门

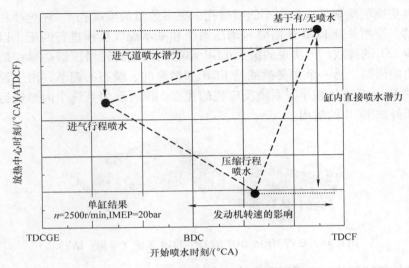

图 6.43　喷水 – 潜力比较（来源：IAV）

重叠来实现的。为此，需要采用可变的气门正时。内部 EGR 一方面用于缩短点火延迟，从而提高燃烧稳定性，另一方面也可以减少壁面的热损失和气体交换损失。内部 EGR 对部分负荷下的效率产生积极的影响。

在与爆燃相关的更高的发动机负荷区域，可以采用冷却的外部 EGR。相应的系统需要附加冷却器和调节阀。

对于涡轮机之前的废气抽取和压气机之后的混合，称之为高压排气再循环（HP – EGR）。如果废气是从涡轮机之后取出，经过 EGR 冷却器并引入压气机之前，则称为冷却的低压排气再循环（LP – EGR）。图 6.44 显示了日产 MR16 DDT LP – EGR 系统。借助于外部 EGR，一方面可以通过无节流来减少部分负荷下的气体交换功，另一方面可以通过改变气体成分来改善工作过程的效率。通过燃烧室中的附加废气降低燃烧温度和爆燃趋势，从而实现更早的燃烧重心位置。同样，壁热损失也有所减少。通过更接近热力学优化的燃烧重心位置也可以降低废气温度水平。通常，HP – EGR 在额定功率附近会有较大的优势，并且与 LP – EGR 相比，可以明显地提高充气效率，这可以导致在 $\lambda = 1$ 时具有更高的功率潜力。其缺点是在较低的全负荷附近没有明显的扫气压力梯度，因此，在该区域就不能使用 HP – EGR。与 HP – EGR 相比，LP – EGR 的优势在于扩展的运行范围。为了借助外部 EGR 以最大限度地减少 CO_2，需要相对较高的 EGR 率。总的 EGR 率取决于 EGR 的方案设计和运行工况点，最高可达 35% 左右。但是，很高的 EGR 率会导致点火延迟和增加燃烧持续时间，并可能导致点火失败。燃烧的稳定性是一个限制因素。强大的点火系统可缩短点火延迟，有助于充分发挥外部 EGR 的全部潜力。所有用于提高燃烧速度的措施也同样适用，包括对喷射系统的标定，以更快、更好地制备混合气（更高的喷射压力、更小的喷嘴孔、更多数量的喷嘴孔），还包括相匹配的工质运动。使用外部 EGR 还需要对增压系统和基本配气机构进行匹配，以最大限度地减少 CO_2 的排放。可实现的最大 EGR 率受到废气涡轮增压器功率和最大允许气缸压力的限制。另一个主要挑战是 EGR 率精确的、瞬态的调节，由于设计的原因，HP – EGR 具有体积小、系统反应快的优点。混合动力系统中内燃机运行的量化简化了外部 EGR 的使用。

图 6.44　日产 MR16 DDT 的 LP – EGR 系统 （来源：IAV）

全特性场范围的效率提高和排放减少

图 6.45 显示了用于提高效率和减少有害气体排放的其他燃烧过程技术，这些技术将应用于未来的汽油机中。

先进的汽油机技术

- 喷水
- 外部冷却的EGR
- 稀薄燃烧
- 米勒循环/阿特金森燃烧循环
- 先进增压技术
- 提高压缩比/可变压缩比
- 停缸
- 提高喷射压力
- 大功率点火系统
- 充量运动和气体交换优化

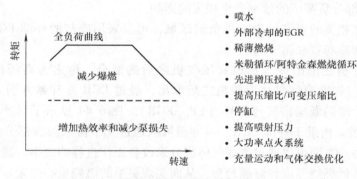

图 6.45　汽油机燃烧过程技术 （来源：IAV）

作为使用废气来稀释充量的替代方法，也可以通过空气的过量来稀释燃料混合气（稀薄燃烧过程）。与 EGR 相比，由于更好的比热量混合气特性，该燃烧过程在效率方面具有优势。图 6.46（见彩插）显示了在 $n = 1350 r/min$ 的转速以及不同负荷下，改变 λ 值的试验研究结果。可以看出，在低 NO_x 排放的同时实现低油耗，应该选择 $\lambda = 2$。

稀薄燃烧过程中的主要挑战是确保混合气的可点燃性。一种可行的方法是在腔室（预燃室）内点火。在点火时刻，与气缸的其余部分相比，预燃室内部存在明显更浓的混合气，因此容易点燃。着火的部分随后会点燃气缸中的混合气。稀薄燃烧过程的一个缺点是废气后处理的费用。由于空气过量，燃烧中产生的氮氧化物

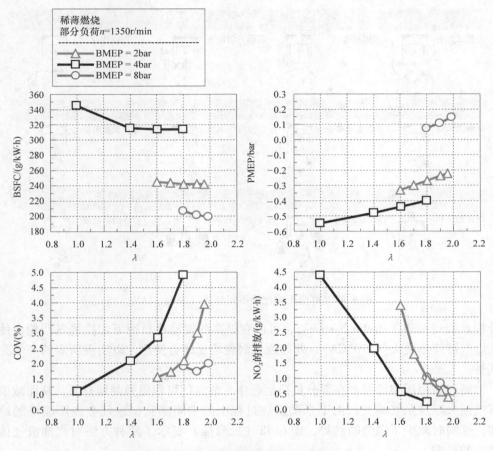

图 6.46　稀薄燃烧过程的潜力（来源：IAV）

（NO_x）在三元催化器中无法或不能完全还原。因此必须使用特殊的 NO_x 后处理系统（LNT 或 SCR）。

　　压缩比在很大程度上决定了内燃机的效率。压缩比越高，热效率越高。在传统的汽油机中，压缩比受到爆燃和全负荷时最大的气缸压力的限制。对于高的热力学效率，高压缩比是必要的，对于增压发动机的高的发动机输出功率，其趋势是小的压缩比。因此，固定压缩比的设计在效率与发动机功率之间存在目标冲突。根据运行工况点改变压缩比有可能解决此冲突。图 6.47 显示了可变压缩比的不同变体。借助于可变的配气定时，可以缩短发动机的压缩阶段，从而延长膨胀阶段。这可以通过很早关闭进气门（米勒）或晚关进气门（阿特金森）来实现。例如，奥迪 EA888 Gen3b 发动机中就采用了米勒循环。

　　这款发动机通过提前关闭进气门（FES）来缩短压缩的燃烧过程。几何压缩比已提高到 11.7，从而实现了部分负荷下较高的效率。通过在进气侧使用奥迪气门

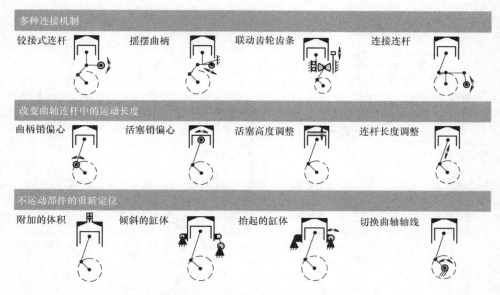

图 6.47　可变压缩比的不同变体（来源：IAV）

升程系统（Audi Valvelift Systems），可以在更高的发动机负荷下切换进气凸轮，使其进气持续角更大（170°CA），并与废气涡轮增压结合使用，以实现所需的高的充气量。

　　通过缩短压缩行程，在部分负荷运行中，节气门可以更强劲地打开，从而减少节气损失以及泵气损失。由于米勒燃烧过程中的中间膨胀，进气会经历额外的冷却，这同时减少了爆燃的趋势。图 6.48（见彩插）显示了两种方法对汽油机气体交换的影响。

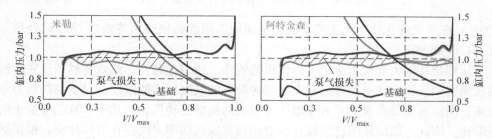

图 6.48　米勒和阿特金森燃烧过程中的气体交换（来源：IAV）

　　提高发动机效率的另一种可能性是停缸，许多汽车制造商已经采用了这种技术。通过停用进气门和排气门以及喷射来实现停缸。通过运行工况点的移动，部分负荷效率的提高改善了燃油消耗。通过减少有效的燃烧室表面积，从而减少了气体交换损失和壁面传热损失。应当提及的缺点是：所有气缸的摩擦转矩分量仍然存在。通过喷射和气门切断的停缸方案仍在研究之中。

动力总成的电气化或混合动力化在定义内燃机的运行策略时提供了很大的可能性。由于电机对负载要求（增压）的响应速度非常快，因此可以在瞬态运行中为内燃机提供优化的支持。此外，通过移动负荷工况点，内燃机可以在低油耗的运行范围内运行。在关闭内燃机的情况下进行车辆巡航（行驶速度保持恒定）和扩展的起 – 停功能是另外的应用场景。较高的回收潜力也使动能得以回收。图 6.49（见彩插）显示了不同系统对系统成本和减少 CO_2 潜力的依赖性。

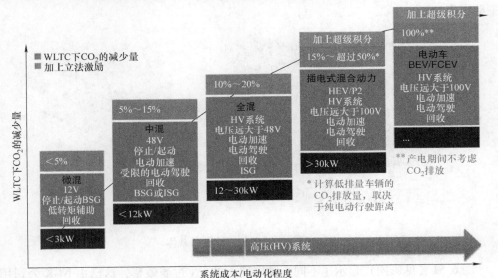

图 6.49　动力总成电气化的潜力（来源：IAV）

6.2.2　废气后处理技术

有害排放物和颗粒排放

由于三元催化器尚未达到起燃温度（Light off Temperatur），因此大部分气态排放成分会在发动机起动而尚未暖机后直接排放。为了实现催化器的快速激活，使用发动机加热措施专门加热催化器，其不利的因素表现为油耗和原始排放水平的增加。使用电加热的催化器，催化器可以实现更早响应的目标。具有强混合动力化动力总成的车辆（可以完全由电动机驱动）提供了在内燃机起动之前加热此类主动型催化器系统的自由度。只要有足够的电能可以提供，同样也可以预先加热内燃机。

由于混合气制备时间相对较短，直喷汽油机对于形成超细颗粒以及特别有害的可吸入颗粒而言至关重要。尚没有暖机运行的发动机在起动后会有大量颗粒直接排出。颗粒的质量相对不太重要，颗粒的大小和数量更为重要。从 2017 年开始，直喷式汽油机必须符合 WLTC 中每千米颗粒数量 6×10^{11} 的限制值。对于 RDE，必须遵守 1.5 倍的 WLTC 值。从中期来看，法规和社会需求导致在直喷式汽油机中广泛地使用颗粒过滤器。与柴油机颗粒过滤器的工作方式相同，汽油颗粒过滤器（GPF）也将废气引导通过交替侧关闭的通道，从而使颗粒沉积在通道表面上。缓慢堆积的碳烟层还可以提高过滤效率。图 6.50 显示了汽油颗粒物捕集器的载体实例。GPF 的再生策略取决于具体的车辆应用和颗粒过滤器的位置。由于与柴油机相比，汽油机的排气温度水平较高，因此在靠近发动机的 GPF 位置可以省去常规的主动再生。

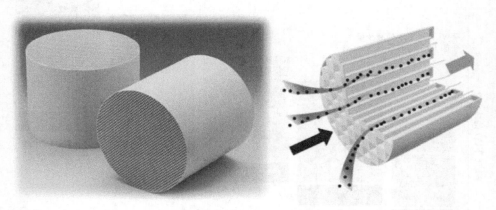

图 6.50　汽油颗粒过滤器的载体

图 6.51（见彩插）显示了不同行驶周期下的 PN 过滤效率，这已由 NGK 公司用基于 Euro 5 的演示器进行了验证。在不同的行驶周期中，经过试验的、未涂层的、针对背压进行了优化的 GPF 的效率在 63% ~ 85% 之间。通过优化的、市场上可提供的 GPF 技术，可以显著提高效率。所有测量中的颗粒数量均低于允许的限制值。

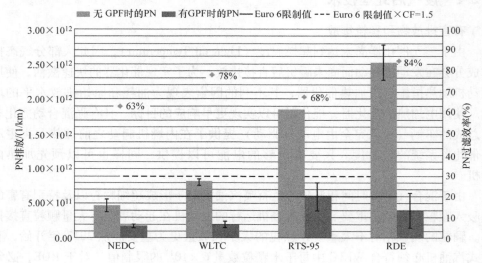

图 6.51　不同行驶周期下的 PN 过滤效率

除了内燃机机内措施外，使用汽油颗粒过滤器无疑是减少微粒数量最简单、最有希望和最安全的解决方案之一。

排气系统的布局有多种选择，除了标准安装的三元催化器（TWC）外，还可以包含附加的有涂层或无涂层的 GPF，也可以考虑单独使用有涂层的 GPF（四元催化器）。在寒冷的环境条件下，频繁重复起动发动机会出现问题。在冷起动期间，发动机不仅会排放更多的颗粒数量，而且排放的颗粒质量也更大，这就给过滤器增添了大量的负担。如果仅覆盖短距离而未达到碳烟燃烧所需的温度，那么 GPF 的负荷会非常迅速地增加，并导致废气背压显著增加。这种特性会影响气缸中剩余的残余气体率，这在发动机特性场中与爆燃相关的区域是至关重要的。因此，低颗粒排放的燃烧过程至关重要。喷射压力的提高、喷嘴几何形状和充气运动的改变、可变的压缩比和效率优化的燃烧重心位置提供了相应的潜力。

6.2.3　系统定义

汽油机未来的发展给开发人员带来了重大的挑战。汽油机的进一步发展一方面需要考虑 CO_2 和排放限值之间的紧张关系，另一方面需要考虑发动机性能和驾驶乐趣。由于当前对道路排放特性的公开讨论，未来的发动机不仅必须遵守法规，而且还必须始终考虑公众对清洁发动机的需求。许多不同的元件和技术可用于实现这些目标，特别是动力总成的电气化。所有这些元件在技术上和成本上都在相互竞争。必须以有意义的方式整合各种技术模块，以实现效率最大化。图 6.52 显示了一个从对标开始，到完成传动系统方案设计结束的未来汽油机的开发流程。

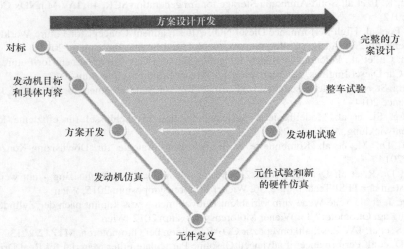

图 6.52　未来汽油机的开发流程（来源：IAV）

参 考 文 献

1. Lückert, P.; et al: OM 656 – The New 6-Cylinder Top Type Diesel Engine of Mercedes-Benz. 38. Internationales Wiener Motorensymposium 2017
2. Lückert, P.; et al: The New Mercedes-Benz 4-Cylinder Diesel Engine OM654 – The Innovative Base Engine of the New Diesel Generation, 24th Aachen Colloquium Automobile and Engine Technology 2015
3. Berndt, R.; et al: Mehrstufige Aufladung für Downsizing mit abgesenktem Verdichtungsverhält-nis MTZ 09/2015, S. 26–35
4. Brauer, M.; et al: Continuously Variable Compression Ratio for Downsizing Diesel Engines – Approach to Improving Efficiency, Emissions and Performance, 36. Internationales Wiener Mo-torensymposium 2017
5. Steinparzer, F. et al: The New Six-Cylinder Diesel Engines from the BMW In-Line Engine Module, 24th Aachen Colloquium Automobile and Engine Technology 2015
6. Lörch, H. et al: NSC/SDPF System as Sustainable Solution for EU 6b and Up-coming Legisla-tion, 23rd Aachen Colloquium Automobile and Engine Technology 2014
7. Bunar, F. et al: SCReaming for Integration: Applying SCR/DPF to Passenger Cars, 4th IAV MinNOx Conference 2012
8. Grubert, G. et al: Passenger Car Diesel meeting Euro 6c Legislation: The next Generation LNT Catalyst Systems, 5th IAV MinNOx Conference 2015
9. Nazir, T. et al: Electrically Heated Catalyst (EHC) Development for Diesel Applications, JSAE Conference 2015
10. Hartland, J. et al: Diesel Exhaust Gas Aftertreatment System to Meet Future Low Emissions Requirements, 5th IAV MinNOx Conference 2015
11. Gelbert, G. et al: NH_3-Füllstandsregelung für SCR-Katalysatoren auf Basis echtzeitfähiger phy-sikalischer Modelle, MTZ 2017
12. Johannessen, T.: Solid ammonia SCR: A robust platform for China NS-VI/6, 7th International Diesel Engine Summit 2017
13. Hansen, K. F. et al: Solid Ammonia Storage for 3rd generation SCR, 4th IAV MinNOx Confe-rence 2012
14. Bunar, F. et al: High Performance Diesel NOx-Aftertreatment Concept for Future Worldwide Requirements, 23th Aachen Colloquium Automobile and Engine Technology 2014
15. Severin, Ch. et al.: Potential of Highly Integrated Exhaust Gas Aftertreatment for Future Pas-senger Car Diesel Engines, 38. Internationales Wiener Motorensymposium 2017
16. Adelberg, St. et al: Model based diesel exhaust aftertreatment development for EU6-RDE, JSAE Conference 2014
17. Adelberg, St. et al: Modellbasierte Systemapplikation als Schlüssel für effiziente RDE-Serienentwicklung, ATZ extra 2017
18. Scheidt, Dr. M. et al: Kombinierte Miller-Atkinson-Strategie für Downsizing-Konzepte, MTZ5/2014
19. Wurms, Dr. R. et al: Der neue Audi 2.0l Motor mit innovativem Rightsizing – ein weiterer Meilenstein der TFSI-Technologie, 36. Wiener Motorensymposium 2015, Wien
20. Roß, Dr. J. et al: Neue Wege zum variablem Hubvolumen – was kommt nach der Zylinderab-schaltung am Ottomotor? 33. Wiener Motorensymposium 2012, Wien
21. Doller, S. et al: IAV-Zuschaltkonzept zur CO_2-Reduktion bei Ottomotoren, MTZ12/2013
22. Water, D. et al: Performance of advanced Gasoline Particulate Filter Material for Real Driving Conditions, SIA Powertrain Conference, 2017
23. Schrade, F. et al: Physio-Chemical Modeling of an Integrated SCR on DPF (SCR/DPF) System. SAE Conference, 2012

24. Gaiser, G. et al: Zero delay light-off – eine neues Kaltstartkonzept mit einem Latentwärmespeicher intEGRiert in ein Katalysatorsubstrat, FAD-Konferenz, 2007

25. Steinbach, M. et al: Model supported calibration process for future RDE requirements, Stuttgarter Motorensymposium, 2015

26. Kishi, A. et al: Model based calibration for Euro 6 Diesel engine application projects, IAV Powertrain Calibration Conference, Tokyo 2016

27. Böhm, M. et al: Ansätze zur Onboard-Wassergewinnung für eine Wassereinspritzung, ATZS. 54–59, 01/2016

第 7 章 应用过程中的方法

在实际行驶条件下安全控制污染物排放，同时降低 CO_2 平均排放值，对新型内燃机驱动系统的开发提出了挑战。

开发的重点是整个系统，包括内燃机（功率/转矩和主要排放源）、废气处理系统（减少排放的装置）和日益电气化的动力总成（发动机转速和转矩调节器），如图 7.1 所示。

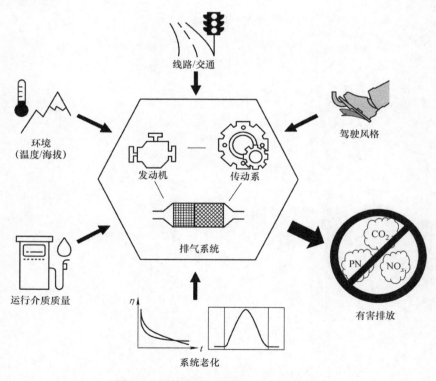

线路/交通

环境
（温度/海拔）

驾驶风格

发动机

传动系

排气系统

运行介质质量

η

t

系统老化

有害排放

CO_2

PN

NO_x

图 7.1 系统和交互影响（来源：AVL）

受控运行由相应的控制单元确保，其应用的质量（尤其是在 RDE 排放环境中）是通过实际客户运行中的交叉影响的结果鲁棒性来衡量的。有多种方法可以消除完全可重复的边界条件，例如：

- 驾驶风格。
- 线路选择和交通状况。
- 环境条件。
- 运行介质质量（燃料、润滑油、添加剂）。
- 系统老化和零件制造偏差。

除了对硬件、软件和测量系统的要求外，实际行驶条件还对相关的控制单元的标定和验证提出了很高的要求。因为对于具有鲁棒性的 RDE 开发而言，至关重要的不仅是要识别那些对当前 RDE 结果有重大影响的驾驶操作，而且还要显示可能对 RDE 整体结果产生影响的所有驾驶操作。

总而言之，这意味着在开发过程中，不仅要优化整个发动机特性场运行范围内的排放，还要涵盖任何与客户相关的动态或不良事件。

图 7.2（见彩插）以汽油机和柴油机排放挑战的分类的形式显示了这一点。

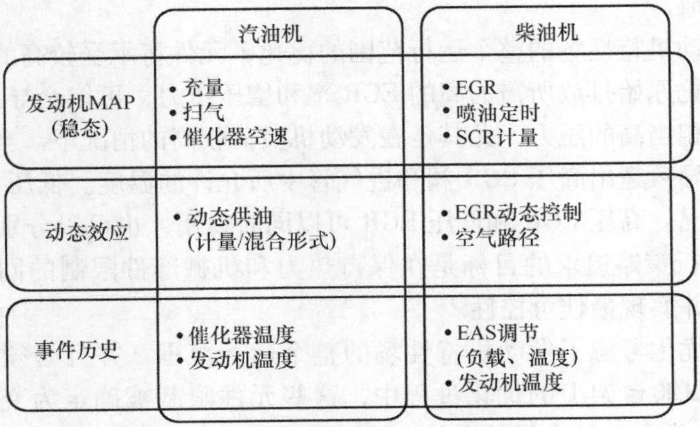

	汽油机	柴油机
发动机MAP （稳态）	• 充量 • 扫气 • 催化器空速	• EGR • 喷油定时 • SCR计量
动态效应	• 动态供油 （计量/混合形式）	• EGR动态控制 • 空气路径
事件历史	• 催化器温度 • 发动机温度	• EAS调节 （负载、温度） • 发动机温度

图 7.2　汽油机和柴油机的排放挑战

分解到子系统后，ECU 应用的主要目标方向由此给出：

- 在所有运行条件下内燃机（VKM）原始排放最小化。
- 废气后处理系统的效率最大化。
- 以排放中性的方式补偿可能对驾驶性能和油耗产生的交叉影响。

7.1　柴油机乘用车

柴油机有害物排放的应用优化分为三个主要的步骤。第一步是在稳态运行和标准条件下对燃烧参数进行优化。随后的动态优化侧重于负荷和速度跳跃期间以及运行方式变化时的特性，即使在标准条件下也是如此。第三步，将这些数据扩展到更极端的环境条件，即所谓的非标准条件。

柴油排放标定方法将在以下各节中详细介绍。

7.1.1　稳态运行中的优化

柴油机以不同的燃烧模式运行，所有这些燃烧模式均达到了实现最低排放的首要目标。柴油机典型的稀燃运行通过其他运行模式得到补充，包括：

- DeNO$_x$ 富油运行以实现 NO$_x$ 储存催化器的再生。
- DPF 再生。
- DeSO$_x$（排气系统脱硫）。
- 催化器加热（排气系统的主动加热）。

总体而言，大多数原始氮氧化物排放都是在稀薄燃烧运行中产生的，因此优化重点仍然放在这种运行模式上。技术上的补充（例如高压和低压 EGR 的组合使用）是附加的自由度和杠杆，必须将其集成到运行策略和优化过程中。对于典型的 EU 6d 柴油机系统，可以相对快速地更改 10 余个参数（喷射、增压、EGR 等）以优化原始排放。

通过在发动机特性场的整个运行范围的优化，元件将承受较高的热负荷和机械负荷。对于优化原始排放所需的高的 EGR 率和增压压力，可能会导致 EGR 系统和增压系统承受相当高的压力，尤其是在发动机负荷较高的情况下。当错误地选择策略时，可能会导致超出高压 EGR 阀和进气管中所允许的温度。低压 EGR 的使用可以缓解这种情况。高压 EGR 和低压 EGR 可以同时使用，也可以分别使用。这两条 EGR 路线的运行策略追求的目标是在保持热力和机械部件限制的同时，最大限度地减少排放，并实现最佳可控性。

原始排放优化考虑了发动机特性场的整个运行范围，并且必须考虑元件的限制。在发动机试验台架上的优化过程中，这些元件限制被确定为变量极限。诸如"基于模型的迭代 DoE"之类的变量方法旨在确保在 DoE 期间，参数变化扩展到运行极限而不会超过极限。尤其是在接近全负荷的区域，该方法为标定工程师实现其目标提供了有用的支持。在发动机试验台架上的优化目标不仅包括更严格的废气排放（主要是氮氧化物和颗粒质量），还包括油耗、废气温度和燃烧噪声（可以通过评估气缸压力信号来确定）。试验表明，对目标燃烧噪声的早期关注显著减少了标定项目中优化循环的数量。

在实现低油耗和低碳烟排放的同时，尽可能低的氮氧化物排放需要进行深入研究和变型以获取非常精确的燃烧参数数据。DoE 的使用对于有效燃烧参数的数量来说是至关重要的。实时自适应变型，例如借助于 Cameo Active DoE，可使标定工程师更快地找到目标。图 7.3（见彩插）展示了这种方法如何通过对所得到的帕累托前沿（Pareto Front）的在线评估，从而在未达到最佳优化的情况下插入其他变量点。这样就在无需花费更多时间的情况下，可以更精确地构建发动机性能，从而可以在后续评估中获得更好的优化。

即使其他运行模式（尤其是 DPF 再生和催化器加热）相对不那么活跃，但它们也与总体排放结果相关，并且需要进行排放优化设计。针对稀薄燃烧描述的优化重点和优化过程，也可用于这些运行模式。

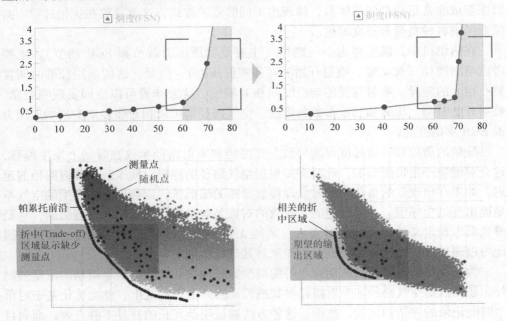

图 7.3　通过使用一个自适应的试验研究计划实现测量点分布的优化（来源：AVL）

稀薄燃烧运行与其他运行模式之间的切换可以通过运行模式协调器进行调节。在越来越精确的加载模型（碳烟、氮氧化物、硫氧化物）的支持下，运行模式协调器控制必要的 NO_x 存储催化器的再生或柴油颗粒过滤器的再生。基于卸载模型的再生过程的精确构建能够在这些特殊的燃烧过程中尽可能短地、有效地停留，从而减少更多的消耗。

SCR 系统由 SCR 催化器和 AdBlue® 计量装置所组成，主要负责氮氧化物的后处理。为了能够在整个发动机特性场的运行范围内降低氮氧化物的排放，必须优化该系统的尺寸和控制。发展趋势是 NO_x 后处理元件（NSC、SCR）的顺序排列和双 SCR 系统：两个 SCR 催化器排成一排，每个催化器都具有前置 AdBlue® 计量装置。这种配置可使第一个催化器更快地加热，这意味着它可以更早地达到最大转化率。第二个 SCR 催化器被设计为在更高温度和质量流量下实现最大转化率。

催化器模型、原始排放模型和调节回路（温度调节、λ 调节和 AdBlue® 调节）的精确协调对于有效地减少氮氧化物而不会不必要地增加 AdBlue® 消耗或氨泄漏至关重要。

7.1.2 动态运行过程中的优化

RDE 法规对 PEMS 运行期间的驾驶风格进行评估和评价。从消费导向型，到紧张型或非常运动型的驾驶员，体现出不同的驾驶方式，这就导致在优化过程中必须要考虑各种负荷和速度梯度。

在内燃机中，既要考虑空气路径（主要是增压压力调节和 EGR 调节），也要考虑喷射路径（燃料量、喷射开始时间和喷射压力）。但是，这两条路径的时间常数有很大的差异。喷射路径的响应时间相对较短，这意味着可以立即实现喷射量、喷射开始时间、压力和其他参数的更改。空气路径则可以相对缓慢地实现增压压力或 EGR 率的变化。

陡峭的负荷和转速梯度可能导致空气路径和喷射路径参数在时间上发生偏移，这会对燃烧产生负面影响。此时需要根据空气路径的停滞时间来改变喷射路径的延迟。如果在出现正的负荷跳跃时立即释放所需的喷射量，则会因由此产生的空气不足而出现烟尘峰值。一项既定的、有效的对策是对功能性碳烟限制进行微调，从而避免低于预定义的 λ 值的瞬时浸入。高的 λ 值可能会导致动力学方面的劣势，因此可以通过驾驶性能和排放方面的专家对其进行精细的调节。

为了在负荷和转速跳跃期间尽可能减少氮氧化物的增加，除了短期的流量限制外，还可以对空气路径和喷射路径参数进行动态匹配。传统上，此类优化基于对单个时间记录的评估和比较。然而，这种方法被证明是冗长的并且不够有效。面向目标的方法基于动态特性特征值的优化（例如负荷跳跃后的 NO_x 排放积分）。这些特征值的在线计算还可以将它们集成到自适应的 DoE 中，从而使空气和喷射路径参数的变化更快、更有效。图 7.4（见彩插）显示了如何在发动机试验台架上使用这种方法，以便在提示操作期间（Tip–in–Manöver）减少氮氧化物的排放。

动态优化还包括考虑发动机元件的热惯性。例如，在接近全负荷的负荷跳跃期间，增加 EGR 率或为主喷射设置更晚的喷射开始时间，对于氮氧化物排放是有利的。这样的动态校正将会一直持续到达到元件极限为止。

在废气后处理过程中，还采取措施使系统保持在优化的工作温度运行窗口内。例如，通过简短的、特殊的燃烧过程或电催化器加热来实施这种热管理（加热、保温）。

运行模式之间的转换是由运行模式协调器发起的，因为需要对废气后处理系统进行有效的、消耗效率高的热管理，以使有害物持久最小化。

7.1.3 非标准条件下运行时的优化

柴油机原则上在空气过量的情况下工作。如果接近化学当量比，则碳烟排放会增加。然而，发动机对进气管的空气温度也很敏感，温度较低，氮氧化物和碳烟排放也会较少。为了使柴油机中的氮氧化物排放始终保持在较低的水平，人们尝试通

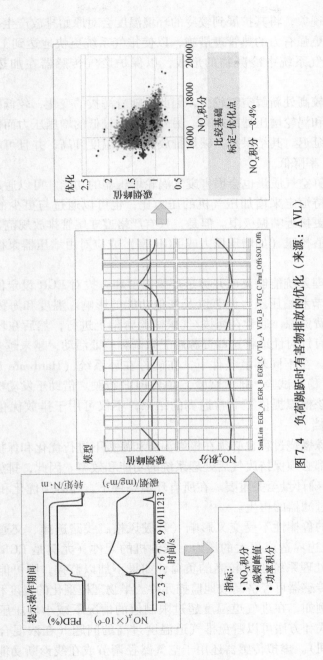

图 7.4 负荷跳跃时有害物排放的优化（来源：AVL）

过环境温度和海拔来保持 EGR 率恒定。其结果是，新鲜空气随着温度和海拔的升高而减少。

基于这种现象，将其扩展到较冷的环境温度会对原始排放产生积极的影响，但可能需要采取更强有力的热管理措施，以使排气系统更快地达到工作温度。同时，还要考虑到排气系统中冷凝物的形成，以保护废气传感器在加热过程中免受热冲击。

因为海拔较高处新鲜空气较少，因此，随着海拔的变化，较低的空气压力主要影响过量空气和涡轮增压器的效率。另外，由于较低的增压压力而使点火延迟期延长，燃烧也会延迟。其结果是，碳烟排放和废气温度升高，并且可能导致随着海拔增加而使 EGR 率降低。

更少的新鲜空气质量也会损害废气涡轮增压器的功能。可以通过使增压压力在整个海拔上保持恒定来增加压气机的压力比；也可以通过与更少的质量流量相结合，使压气机更接近喘振极限。但是，只有严格遵守尾管排放规范，才能进行空气路径中的设定值校正（如增压压力或 EGR 率）或应对由增压器泵极限而导致的功率降低。

发动机管理系统能够集成并标定环境温度和海拔对 EGR 设定值和增压压力设定值、EGR 调节和增压压力调节以及其他功能的影响。温度和海拔变化的排放优化既耗时又耗费资源，通常在海拔/气候试验台架上进行，然后在环境转鼓试验台上进行。为了有针对性地将这些资源用于微调和验证活动，越来越多的标定在虚拟测试台上进行。在不同环境条件下，在硬件在环系统（Hardware in the Loop System）上模拟了稳态试验、排放试验，甚至 RDE 行驶。借助于发动机和排气系统的半物理构架，该模拟提供了非常逼真的结果，不仅可用于排放优化，也可以用于 OBD 和系统文档。

相应的特殊燃烧过程也必须在极端温度和海拔下进行优化和保护。当然，在所有环境条件下都必须保持废气后处理系统的功能和效率。因此，排放模型的准确性对 AdBlue 的精确计量至关重要。在所有环境条件下，还必须优化和保护 NO_x 储存催化器和颗粒过滤器的再生。

确保结果的鲁棒性不受交叉影响（驾驶风格、线路选择、交通条件和环境条件），会对系统边界造成更大的压力。柴油机的元件（尤其是 EGR 系统和增压系统）和废气后处理系统承受较高的负荷，如果不加以监控，则可能会导致系统损坏。采用虚拟传感器可经济高效地监控元件。半物理模型化的温度和压力可用于发动机的保护，例如，在进气道温度超过限制值的情况下减小增压压力甚至减小转矩。类似的方式和方法可以避免排气道温度过高的问题（在浓混合气条件下保持太长的运行时间）。虚拟传感器还用于空气路径调节或在线诊断功能，主要用来监视影响排放的传感器、执行器和系统。

7.2　汽油机乘用车

在汽油机运行特性场中，以下区域可能涉及 RDE 排放风险，因此应加以避免：
- 低速扫气运行以增加转矩。
- 作为零部件保护措施的高速/高负荷加浓。
- 废气质量流量高时，超过合适的催化器空速。

此外，在发动机起动和一般客户运行过程中的动态过程、催化器不均匀的加热程度或催化器的 λ 运行窗口以及老化过程还可能带来其他排放风险：
- 极端的动态性能。
- 确保优化的 λ 转换窗口。
- 催化器中的温度影响。
- 排放的长期稳定性。
- 起动/重起/催化器加热/预热策略。

图 7.5 所示为汽油机排放面临的挑战。

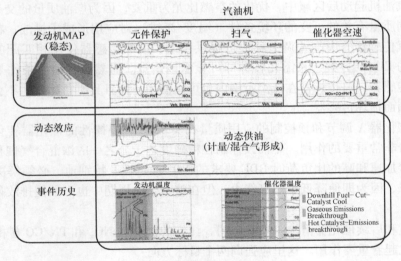

图 7.5　汽油机排放面临的挑战

除了与发动机相关的影响外，发动机与车辆的配对对尾管排放也起着决定性作用，尤其是在低功率/低排量和高的车辆重量的极端组合中。在 RDE 状态下，应在产品早期定义阶段就避免这种情况。

转矩导向的稀薄燃烧扫气策略虽然在低速和高负荷范围内的动态响应特性方面显示出优势，但如果过分使用，则可能会影响三元催化器的 NO_x 转化，并且从 NO_x 排放的鲁棒性考虑并不推荐。

另一种可能性是采用化学当量比的废气 λ 进行适度的扫气运行。但是，这会导致在燃烧室中形成浓混合气，因此需要直接权衡 CO_2 排放与 PN 排放，根据边界条件，这必须要使其达到优化的总排放。该策略因催化器中的放热而受到扫气量的限制，因为来自扫气的气体交换过程的空气过量与浓的燃烧室混合气中的过量燃料在催化器中会发生反应。为了避免过高的温度加速催化器老化或永久性损坏，并且最大限度地提高排放的鲁棒性，只能在有限的扫气率框架内实施该策略，基于最佳的折中特性进行优化，可以获得良好的且具有鲁棒性的总体结果。

替代油耗或 CO_2 中和的硬件解决方案变得越来越流行，如电辅助增压或 VTG 增压器。另外，通过增加排量（调整尺寸）和/或改变变速器设计，结合电气化（内燃机的低敏感性）和优化基础发动机以及车辆的油耗，可以整合出最佳的总体性能。

使 NO_x 鲁棒性最大化的其他步骤涉及在化学当量比中心位置附近进一步提高三元催化器的最佳 λ 转化窗口的动态质量。

必须确保动态运行中催化器前后 λ 的最大调节质量，因为化学当量比混合气的每个 λ 偏差都可能导致排放峰值的出现。

在汽油机起动后区域中，优化的空燃比尤为重要，因为燃油质量的交叉影响和与预控制质量有关的可变的环境条件（温度/海拔）对应用形成了挑战。在此，催化器前氧传感器的快速 λ 调节释放可提供帮助，前氧传感器使用相匹配的硬件解决方案的 EU 6d 方案，只需几秒钟即可显示该信息。当然，其前提条件是使用现代的氧传感器，该传感器在低温范围内也可以使用，而且具有鲁棒性，不会因废气中的水滴而损坏传感器。

后催化器 λ 调节和预控制的应用质量在实现 RDE 鲁棒性的催化器转化窗口方面也起着非常重要的作用。燃油预控制在精确度达千分之一的浓混合气偏移，可以持续改善加速和高的比负荷时 RDE 要求的 NO_x 稳定性。特别地，必须解决老化系统的需求，因为即使降低了储氧能力，但在整个生命周期中也必须使排放鲁棒性最大化。

过渡和后续催化器清除阶段动态的、详细的优化在 NO_x 和 PN/CO 鲁棒性之间的折中也起着重要作用。这里应强调两个目标方向：

- 避免过浓混合气运行，因为这会产生 PN。
- 通过最小化有限的氧存储器容量，避免后续加速阶段 NO_x 的排放。

除了控制关于 λ 的转化窗口外，起决定性作用的还是确保足够的催化剂温度。这包括发动机起动后在整个工作温度范围内执行始终一致的、优化的、连续的催化器加热策略，以实现最快的起燃（Light – off），尤其是在动态的冷下降过程中。同时还要确保在滑行或停机阶段，催化器保持加热状态。

尽管尚未对 RDE 进行监管，但不断减少 CO 排放仍然非常重要。

如 6.2 节所述，硬件措施方面可通过进一步开发燃烧过程和改变换气过程设计以及通过扩大废气涡轮机的温度范围来改进。借助于集成的或水冷的排气歧管对涡轮机前的废气进行主动冷却，在车辆侧可能的冷却能力范围内可以降低出于零部件保护要求的加浓需求。

用 EGR 稀释气缸充量是减少或避免浓混合气的另一种方法。

利用这些技术包的可能性在应用中产生的新自由度构成了完整化学当量比特性场运行的基础。此外，废气温度模型的改进质量使得发动机可以在零部件的温度水平方面以更加明确的方式运行。重要的是，在整个寿命周期内保持废气后处理元件的热负荷处于较低水平，以保持其耐老化性。

在柴油机中，由于广泛地使用最高过滤效率 > 99.5% 的柴油颗粒过滤器（DPF），即使原始颗粒排放水平很高，在 RDE 条件下也可以很好地处理颗粒排放问题。汽油颗粒过滤器（GPF）现在也广泛用于汽油机废气后处理系统，尽管过滤器前的原始颗粒排放量要低很多倍。

在柴油机中，颗粒的形成是非均匀混合气形成的基本特征。最终，这会导致在 DPF 中碳烟块的快速散布，并作为一种额外的过滤介质。由于柴油机的废气温度较低，因此在中期，可观的负载量可以作为永远不会完全再生的基本负载保留在过滤器中。

与此相反，在均质汽油机的情况下，由于较高的汽油机排气温度和较低的原始排放而形成合适的再生条件，从而减少了这种碳烟块的形成，但在运行期间，通过具有相同功能的碳烟块进行了补充。如图 7.6b（见彩插）所示，这使得与基材相关的、尤其是动态的过滤效率的最大化变得更为重要。其目的是，即使在最小的负载量下也能够实现最高的过滤效率。

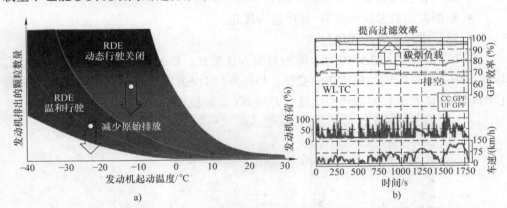

图 7.6　a）EU 5 标准中颗粒数量原始排放水平 Euro 5
随低温和驾驶风格的变化；b）GPF 过滤效率潜力

此外，已经将 10g 量级的高 GPF 负载量作为超临界来评估，因为在高的汽油机排气温度下，符合再生条件时，碳烟与氧进行自再生过程时可能已经对零部件造成损害。

因此，与以下功能的结合显得尤为重要：

- 所有运行区域的最低颗粒数原始排放。
- GPF 在所有负载状态下的高过滤效率。
- GPF 保护应用策略，以防止意外烧毁。

在动态的高负荷运行情况下，除了 GPF 应用之外，在热机运行范围内使发动机 PN 最小化的基本应用是实现 PN 最低的 RDE 符合性系数的基本要求。为此，采用颗粒最小的汽油多次直接喷射策略。通过包含冷起动和冷态运行的 RDE 包 3，尽管 GPF 对 PN 优化的冷运行和冷动态运行影响特别强烈，但目前关注的焦点在于 RDE 应用中的颗粒优化的汽油多次直接燃料喷射。

根据 RDE 排放策略要求（AES/BES），该策略在低温下始终是 PN 最优的，因此有助于最小化 GPF 负载/再生要求。图 7.6a（见彩插）说明了 EU 5 标准中颗粒数量原始排放水平随低温和驾驶风格而呈指数增长的情况。这指出了在与 RDE 相关的发动机机内降低 PN 的必要性，以便能够与最大化 GPF 过滤效率相结合，以最大限度地实现将 PN 降到 EU 的符合性系数 1.5 以下的目标。

用于颗粒优化的发动机机内措施要求针对每个运行状态，通过优化的硬件前提条件和颗粒优化标定进行最佳的协调。其目的是使燃烧室部件尽可能少地被燃料湿润，因为这是扩散燃烧的主要原因。

动态功能和多次喷射策略旨在进一步降低在给定硬件条件下的渗透深度和组件被润湿的风险。动态的优化过程和系统性的特定细节的确定要求：

- 满足各自动态运行参数优化的要求。
- 根据发动机温度和负荷/速度进行优化。
- 运行模式之间的无缝过渡。

图 7.7 展示了与选择作为示例的当前方法相比，Euro 5 经典的喷油策略概况，以及必须适应系统性的最重要的变化。Euro 6d 解决方案要求在最低温度下具有最佳的起动性能和催化器加热稳定性，并且 PN 具有最小的附着量。

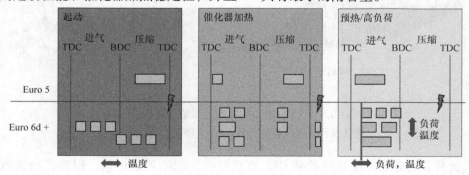

图 7.7 颗粒数优化的直接喷射策略

7.3　适用于批量生产的标定和验证过程

高度的系统复杂性和大量的交互影响对量产的鲁棒性和安全产品的开发、标定和验证产生巨大影响。

不论是汽油机还是柴油机的废气后处理，尽管系统复杂性不断提高，最重要的挑战仍然是在寿命周期内如何在各种老化状态下确保废气排放。

这不仅体现在废气后处理系统硬件面向鲁棒性的定义中，而且也体现在排放标定开发目标的相似定义中。由此给出了硬件尺寸的要求和应用鲁棒性的要求，以便能够表达运行时所需的稳定性。通过智能的软件解决方案可以确保运行期间的系统鲁棒性：

● 学习功能和自适应功能，可以补偿在运行期间内的系统偏差（传感器和执行器 - 漂移）。

● 运行时校正的效率模型和负载模型。

● 使用更精确的废气系统模型和预测算法优化正常运行和特殊燃烧过程之间的转换，以实现油耗和排放的运行策略。

以一个柴油机应用为例，图 7.8 显示了在典型的 Euro 6d 系统中，生产公差和环境条件方面哪个不可控变量会导致高的排放值。可以看出，SCR 调节的极限值传感器和执行器以及环境条件和增加原始排放的因素都得到了体现。这种原因分析为系统的批量生产和所支持的系统开发提供了重要的认知。

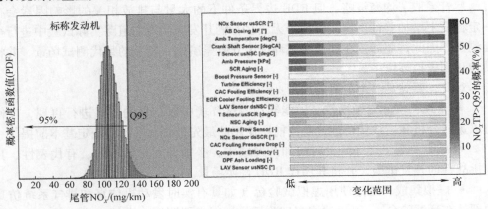

图 7.8　柴油机 NO_x 排放原因分析示例

广泛的验证和鲁棒性评估对 RDE 解决方案至关重要。为了避免必须单独且密集地测量每个车辆变型，均等数据策略具有很高的优先级。具有相似特性（驱动系统、重量等级、阻力等）的车辆变型归类为在最大化的交集中共享相同标定的变型系列。

然后，在这些变型系列内部定义所谓的角变型。这种角变型在排放和其他关键特性方面得到了严格保护。通过缝合试验和统计评估，发布具有相同防护等级的中间变型以供批量使用。

图7.9显示了在典型的Euro 6d系统中，如何将配备相同柴油机的车辆系列测试工作划分为角变型和中间变型。

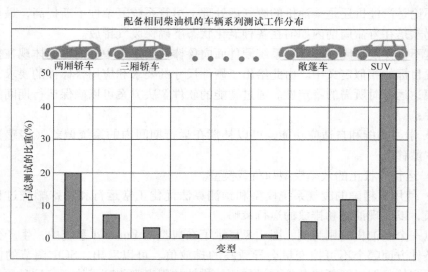

图7.9　车辆系列内部测试工作分布示例（来源：AVL）

尽管采取了均衡策略，但RDE边界条件下的大量与排放相关的影响因素会在一定程度上增加验证工作，以至于无法在车辆开发周期内的道路实际试验中进行全面测试。因此，还需要在替代测试环境中开发紧凑的、相关的替代测试场景，并将其转移到虚拟环境中。

对此，要满足三个重要的规则：

● 再现：实际驾驶操作必须能够在测试环境中以仿真的方式进行再现，以便可以进行分析和后续优化。这是当前所使用的最先进测试系统的既定基本前提。

● 减少：为了遵守开发时间和开发成本，必须开发更紧凑的、有代表性、具有挑战性的开发试验，并将其用作RDE替换场景。

● 虚拟集成：通过使用虚拟试验台（如具有实时发动机仿真和排气系统仿真的硬件在环试验台），可以对许多试验场景进行虚拟测试。高精度模型是在短时间内以极具成本效益的方式为批量生产做好准备的解决方案的基础。

图7.10显示了开发工作的V字形流程以及RDE开发活动从道路到替代测试环境过渡的概述，这些替代测试环境在虚拟集成意义上逐渐得到支持，并且通常高度自动化。这样就可以有效地分配针对RDE要求的密集的维护工作。

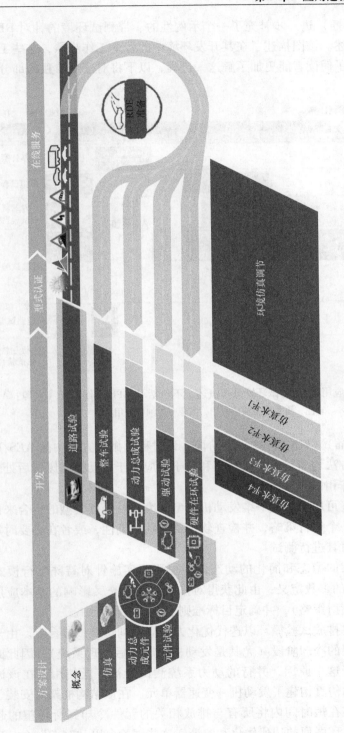

图 7.10　RDE 开发流程概述及测试环境

图 7.11（见彩插）进一步补充了一个示例性的、带测试环境的针对 RDE 排放系列应用的流程概述。该图描述了在其开发环境中的各个工作步骤，这些工作都是量产所必需的。为了使读者能更加了解这一过程，以下将对三个单独的部分进行更详细的说明。

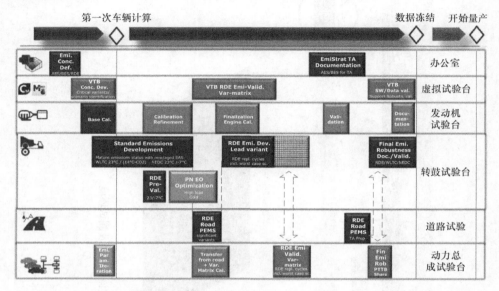

图 7.11 排放系列应用 RDE 测试环境分布概述，不包括 D/GPF 工作流程（来源：AVL）
注：橙色—柴油机专用，灰色—汽油机专用。

图 7.12（见彩插）描述了基本设计阶段。该过程从概念方法中的 AES/BES 策略定义开始，每种方法均与动力总成方案和基于要应用于发动机和废气后处理的技术包的车辆变型矩阵相协调。

基于模型的环境可用于通过一维发动机模型和废气后处理模型的组合来预测初始概念模拟中的第一个运行策略，并检查软件要求的正确性，或者在必要时定义软件扩展并在配置后对其进行测试。

发动机试验台架的稳态和简化的动态试验可用于实施针对特殊运行模式（如催化器/GPF 加热）的参数定义，由此获得对排放有较大交叉影响的基本应用参数（如 EGR 率、多次喷射策略），并确定目标准则之间的最佳折中。

在第一步中，将排放试验循环以迭代优化方式应用到转鼓试验台上。由于车辆在试验之间需要必要的冷却阶段（尤其是发动机和废气后处理系统），因此此过程需要大量时间。出于这个原因，并行的动力系统测试台被广泛使用，在该试验台上，结合其他车辆的仿真构建了发动机 - 变速器单元。在该结构框架内安装了快速冷却设备，以便能够在短时间内将所有与排放相关的元件冷却到所希望的起始温度，以反复进行冷循环序列的迭代优化和验证。这些试验台以"24/7"（一天 24h，

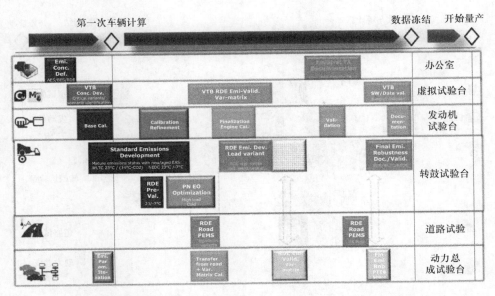

图 7.12　排放系列应用 RDE 流程概述 – 第 1 部分 – 基本设计（来源：AVL）

一周 7 天）自动化地运行，包括自动加载预制数据集的可能性，以便借助 DoE 方法实施与循环相关的详细参数的改变。

依据 DoE 研究，在评估了基本关系之后，对涉及有害物排放和废气温度的各种参数进行优化，并将运行模式之间的过渡设计为尽可能地保持转矩和声学中性。

一旦在经典的排放试验条件下达到了排放策略的第一级鲁棒性水平，就将直接向高负荷/高动态方向扩展，以便在 RDE 法规意义上的整个运行温度范围内实现策略的标识/预优化。对于汽油机，要特别关注冷运行时的 PN/PM 排放。

图 7.13（见彩插）描述了精细匹配阶段。在此阶段，可以开始使用 PEMS 进行 RDE 道路试验。这些试验用于创建第一个实际行驶中的参考，并记录项目/动力总成/运行策略特定的、排放准则的特殊操作，这些操作必须纳入 RDE 替代循环的精细匹配。为此，从道路测量中检测出关键的运行条件，并根据其原因进行分类。在此基础上，创建一组带有特殊项目参考的 RDE 替代循环，用于转鼓试验台上，以便对先进的变型进行精细优化。变化参数，如行驶动力学可选操作或者档位/飞轮质量等级/数据的变化派生等，直接在测试试验台上，在硬件在环（HiL）环境中与紧凑的预选时间内，与变化的边界条件进行交叉检查，以确保先进的变型应用中的排放鲁棒性。使用来自车辆、动力总成和 HiL 试验的累积知识对标定及其派生结果进行微调。在这些测试环境中，通过设置飞轮质量等级或相关的传动比，可以轻松地验证从先进的变型应用向衍生应用的过渡。

图 7.14（见彩插）描述了量产验证阶段。在完成先进的变型应用之后，开始有关型式测试策略（AES/BES）的第一批文档准备工作，同时，在道路上使用

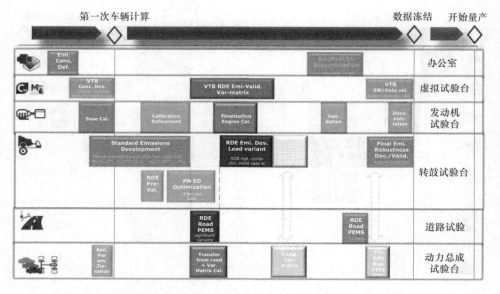

图 7.13　排放系列应用 RDE 流程概述 – 第 2 部分 – 精细匹配（来源：AVL）

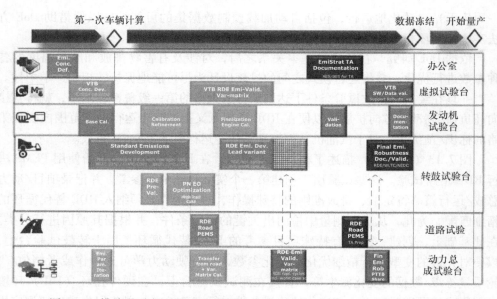

图 7.14　排放系列应用 RDE 流程概述 – 第 3 部分 – 量产验证（来源：AVL）

PEMS 进行的 RDE 验证又可用于在极端条件下对选定的角变型进行实际行驶验证。在进行型式测试之前，会在 HiL 试验台、转鼓试验台和动力总成试验台的测试矩阵中验证整个运行条件的范围。应强调的是在开发和验证的框架下，模拟可能性的比例稳步增加。从已经建立多年的迭代的 ECU 软件和数据状态验证到在 HiL 环境下的动态 RDE 排放开发，现已发展为可以以节约成本和时间的方式在计算机上模拟极端的环境条件。

尽管如此，在 RDE 环境中，有关寒冷/高温和海拔条件下的经典行驶测试作为开发过程中的验证工具仍然是非常重要的，并且对于使用移动式 PEMS 排放测量技术进行 RDE 验证的补充是很有意义的（见第 5 章）。

通过标定和项目管理中的创新方法，可以确保结果对实行客户运行中对老化和零件生产加工偏差效应的交叉影响的鲁棒性。诸如有害物排放、运营成本和驾驶性能等产品特性以项目目标的形式不断地进行客观化和评估。因此，所需的整体方法正在迅速发展，以适应动力总成的电气化。

参 考 文 献

1. Fraidl, G. et al.: „RDE – Challenges and Solutions", 38. Internationales Wiener Motorensymposium, Wien, Mai 2015
2. Scheidel, S.; Vogels, M.: Model-based iterative DoE in highly constrained spaces – International Calibration Conference, Berlin, 2017
3. Keuth, N.; Koegeler H.-M.; Fortuna, T.; Vitale G.: DoE and beyond: The evolution of the model-based development approach how legal trends are changing methodology, Design of Experiments (DoE) in Powertrain Development, June 2015
4. Scheidel, S.; Gande, M.: DOE-based transient maneuver optimization, 7th International Symposium on Development Methodology, Wiesbaden, November 2017
5. Reinharter, C.: "Investigation of Gasoline Particulate Filters System Requirements and their Integration in Future Passenger Car Series Applications", Master Thesis University of Graz/AVL List GmbH, Graz, October 2015
6. Fraidl, G. et al.: Von RDE zu RDD – Erfordert RDE auch „Real Driving Diagnostics?", 12. Internationales Symposium für Verbrennungsdiagnostik, Baden-Baden, Mai 2016
7. Vidmar, K. et al.: Partikeloptimale Benzindirekteinspritzung – Eine Voraussetzung für RDE, Tagung Diesel- und Benzin-Direkteinspritzung, Berlin, Dezember 2014.
8. Schüßler, S.; Piffl, M.; Grubmüller, M.; Grün, P.; Hollander, M.; Mitterecker, H.: In Field Robustness based on Virtual Development Environment, 38. Internationales Wiener Motorensymposium, Wien, April 2017
9. Engeljehringer, K.: Abgasgesetzgebung WLTP/RDE/EVAP – AVL Techday Emission, Bietigheim-Bissingen, Mai 2017

第 8 章　基于 RDE 的商用车方案设计

8.1　法律框架条件

许多年来，商用车的排放法规规定在实际行驶中必须遵守排放限制值。自2005 年以来，美国立法者可以用 PEMS 检查商用车在运行中是否满足排放限值的要求。

在欧洲，从 2013 年起，针对商用车辆的欧 Ⅵ 法规引入了符合在役合规性（In - Service Conformity，ISC）要求的认证，并在规定的排放耐久性范围内定期证明排放合规性。

未来，全球大多数主要市场都会推出类似于欧 Ⅵ 的法规，因此也会采用 ISC 要求。根据目前的立法步骤计划，可以假设，到 2023 年，超过 80% 的商用车产量必须满足法规要求，该法规要求在道路上的实际循环中检测排放。

表 8.1 显示了在全球范围内推广此类法规的细节。

表 8.1　全球 ISC 要求（来源：AVL）

国家和地区	对应要求
中国	第 Ⅴ 阶段：2017 年 10 月 1 日起适用于全部新批准的车辆类型 第 Ⅵ 阶段（草稿）：2020 年 1 月 1 日，进入第 Ⅵa 阶段；2023 年 1 月 1 日，进入第 Ⅵb 阶段
日本	仍在讨论中，最早于 2022 年推出
韩国	欧 Ⅵ：从 2016 年 1 月 1 日起实施 PEMS 要求
印度	Bharat Ⅵ：2020 年 4 月 1 日起，开始进行监视；2023 年 4 月 1 日起，开始限制 CF 值
新加坡	欧 Ⅵ：2018 年 1 月 1 日起，仅在 TA 中使用 PEMS
欧盟	欧 Ⅵ：2013 年 1 月 1 日起适应于所有新车型
美国和加拿大	HDIUT：2005 年 1 月 1 日起，使用 PEMS 设备和现场测试程序进行使用测试
巴西	PROCONVE P - 8（草稿）：2027 年 1 月 1 日起实行
澳大利亚	欧 Ⅵ：仍在讨论中

此外，排放法规有望进一步发展。图 8.1 显示了到 2030 年全球商用车立法趋势。

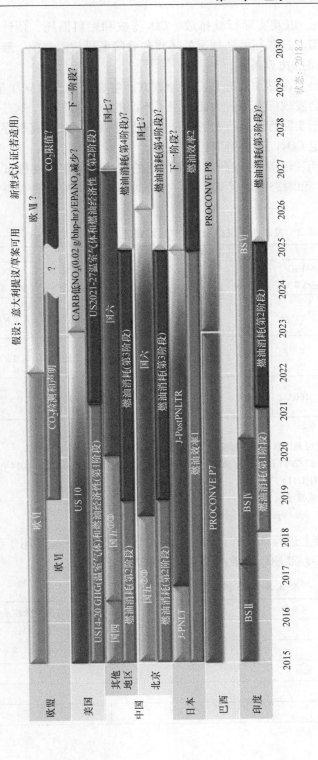

图 8.1　全球商用车立法趋势（来源：AVL）

① 2016 年 4 月 1 日：中国中东部部分省市（北京、天津、河北、辽宁、上海、江苏、浙江、福建、山东、广东、河南）的市政车辆。2017 年 7 月 1 日，全国范围内。

② 自 2016 年起，新的公共车辆：DPF。

③ 城市地区，要求额外的 WHTC 测试。

根据欧 VI 或类似法规，以及实际行驶排放、CO_2 排放和燃料消耗，预计还会进一步收紧常规排放限制值。这些新的法规另外还将包含降低排放限制值、新的试验循环（美国）和 ISC 严格的边界条件。

从图 8.1 中也可以看出，在燃油消耗和 CO_2 排放方面将有进一步的立法步骤。如果详细分析这些内容，会发现许多地区为此使用了不同的方法和程序。这些方法和程序以不同的方式侧重于实际行驶运行中的认证。为此提供的系统仿真程序可根据与应用相关的循环来确定 CO_2 以及燃料消耗。

表 8.2 列出了自 2013 年起生效的欧洲商用车适用的限制值。在发动机试验台架上以稳态循环（WHSC）和瞬态循环（WHTC）方式进行认证，检查是否符合这些限制值。

表 8.2 发动机认证的欧 VI 排放限制值

工况	排放物							
	CO/ (mg/kW·h)	THC/ (mg/kW·h)	NMHC/ (mg/kW·h)	CH_4/ (mg/kW·h)	NO_x[①]/ (mg/kW·h)	NH_3 (×10^{-6})	PM/ (mg/kW·h)	PN/ (个/kW·h)
WHSC (CI)	1500	130	—	—	400	10	10	$8.0×10^{11}$
WHTC (CI)	4000	160	—	—	460	10	10	$6.0×10^{11}$
WHTC (PI)	4000	—	160	500	460	$10^{③}$	10	$6.0×10^{11}$[②]

注：PI = 点燃，CI = 压燃。

① NO_2 成分在 NO_x 限制值中的可允许水平可在后续阶段被定义。

② 限制值应自法规（EU）No 582/2011 附件 I 附录 9 表 1 的 B 行所列日期起适用（新车型：2014 年 9 月 1 日；所有车辆：2015 年 9 月 1 日）。

③ 建议 NH_3 限值不适用于点燃式发动机。

来源：AVL 排放报告，www.avl.com/legislation-services。

除了在发动机试验台架上进行认证外，还必须在实际行驶循环中验证用于型式认证的排放。其中，HC、CO 和 NO_x 排放的符合性系数为 1.5（表 8.3）。

表 8.3 ISC 的符合性系数

污染物	最大允许的符合性系数
CO	1.5
THC（用于压燃式发动机）	1.5
NMHC（用于点燃式发动机）	1.5
CH_4（用于点燃式发动机）	1.5
NO_x	1.5

（续）

污染物	最大允许的符合性系数
PM 质量（当适当监测技术有足够的信息可用时，委员会将考虑引入符合性系数）	—
PN 数（当适当监测技术有足够的信息可用时，委员会将考虑引入符合性系数）	—

来源：AVL 排放报告，www. avl. com / legislationservices。

除了对商用车进行型式认可的要求外，它们还必须在使用寿命（Useful Life）内符合 ISC 的要求。因此，车辆类别的定义非常重要（表 8.4）。

表 8.4　车辆类别的定义

为载客而制造的机动车： – 至少 4 个轮子 – 有 3 个轮子并且最大重量超过 1t – 由 2 个不可分离的铰接单元组成的铰接式车辆应视为单一车辆	
M1	为载客而设计和制造的车辆，除驾驶员座位外，不超过 8 个座位
M2	为载客而设计和制造的车辆，除驾驶员座位外还包括 8 个以上座位，且最大质量不超过 5t
M3	为载客而设计和制造的车辆，除驾驶员座位外还包括 8 个以上的座位，并且最大质量超过 5t
至少有 4 个轮子，为载货而设计和制造的机动车	
N1	为载货而设计和制造的车辆，最大质量不超过 3.5t
N2	为载货而设计和制造的车辆，最大质量超过 3.5t，但不超过 12t
N3	为载货而设计和制造的车辆，且最大质量超过 12t

来源：AVL 排放报告，www. avl. com/legislation – services。

车辆制造商必须在型式批准后的 18 个月内，为每个发动机系列配备 PEMS 测量车辆，并论证 ISC。此后，该论证必须每两年重复一次，直到使用寿命结束或车辆停产 5 年为止。使用寿命取决于规定的排放耐久性的里程数，该里程数是针对特定的车辆类别定义的（表 8.5）。

表 8.5　不同车辆类别的排放耐久性定义

汽车类别	耐久性	
M1、N1 和 M2	160000km	5 年
N2；最大技术允许质量不超过 16t 的 N 类；M3 的 Ⅰ 级、Ⅱ 级和 A 级；最大技术允许质量不超过 7.5t 的 B 级	300000km	6 年
最大技术允许质量超过 16t 的 N3；最大技术允许质量超过 7.5t 的 M3、Ⅲ 级和 B 级	700000km	7 年

来源：AVL 排放报告，www. avl. com/legislation – services。

根据车辆类别（表8.4），在 PEMS 测量期间，车辆必须在城市区域、城市间和高速公路交通中完成各个行驶部分。ISC 结果根据行驶部分的规定比例来确定（图8.2）。

误差±5%	M1、N1	M2、M3、N2（Ⅰ、Ⅱ、A级以外）	M2和M3的Ⅰ、Ⅱ、A级	N3
城市(0～50km/h)	34%	45%	70%	20%/30%*
城乡(50～70km/h)	33%	25%	30%	25%
高速公路（>70km/h）	33%	30%	0%	55%/45%*
*计划的行程份额变化				

图8.2 车辆类别的行驶份额（来源：AVL）

如前所述，认证过程和 ISC 试验中实际行驶排放的法定 PEMS 试验必须在法律定义的边界条件下进行。除了车辆载荷外，边界条件还包括路线组成、外部温度（-7～35℃）、海拔（最高达1750m 左右）以及测试开始时定义的车辆状态。

当前在排放评估中未考虑冷起动阶段（冷却液温度高达70℃，但不迟于发动机起动后 15min）内的排放。

采用 MAW 方法并基于滑动的平均窗口的原理，对行驶排放进行评估（见第4章"数据处理与评估"）。排放不是针对整个数据集来确定的，而是针对具有规定长度/持续时间的"窗口"来确定的，其中，这些窗口的长度对应于在瞬态试验 WHTC 中所做的功或在此试验中发动机 CO_2 排放的质量。

并非所有窗口都用于评估，而只是使用所谓的有效窗口。随着 2013 年欧Ⅵ A 法规的引入，这些做功窗口在 PEMS 测量期间有效，其平均功率至少相应于最大发动机功率的 20%。根据欧Ⅵ D 法规，该功率阈值降低到 10%，从而降低了有效测量点的平均负荷，进而缩短了行驶循环。此外，PEMS 测量必须从城市部分开始，这将使以低负荷循环（如城市运行）的车辆的 ISC 的实现显得更加困难。

公众对柴油机废气问题的讨论以及实际运行与认证试验台架上的排放偏差引起了公众的普遍关注。目前还无法确定为什么实际排放高于发动机试验台架上的认证。当引入下一个法律要求（也被称作欧Ⅶ）时，这将导致符合性系数降至 1（CF=1）。

目前，PEMS 测量只是采集气体排放，研究人员正在尝试按照法律规定的方法使用移动测量系统来确定颗粒数量。

城市空气质量差、超过空气质量限值（排放扩散值）或地方当局要求采取的空气净化措施，都对降低排放产生了更大的压力。

可以预见，在未来的排放评估中，将越来越多地考虑迄今为止没有关注的冷起动阶段以及市区部分的排放。

高的氮氧化物负载以及随之而来的超过城市空气质量限值的问题，也将导致商用车的 NO_x 排放限值在欧洲大幅减小。美国，尤其是加利福尼亚州的发展趋势支持了这一论断。加利福尼亚州已经开始大幅收紧 NO_x 限值，以减少某些地区持续的高臭氧污染。

如今已经生效的法律要求，尤其在未来对开发提出了特殊的挑战，不仅是对技术法规，而且对开发方法都提出了很高的要求。

8.2　开发要求

开发所面临的挑战是提供一种模块化的排放方案，使具有高负荷循环和低负荷循环以及安装状态的各种车辆能适应 ISC。选定的元件以及调节软件和标定必须能够代表废气后处理系统的高减排效率，以实现在长达 700000km 里程内的最低排放。

另外，车辆必须以节油的方式运行。此外，商用车在使用中要求更长的里程能力以实现维护和耐久性。

下文将重点讨论针对当前严格的法规的排气后处理技术。这一方面要求引入柴油颗粒过滤器（DPF）以达到颗粒质量和颗粒数量的限制值，以及应用 SCR 系统以达到 NO_x 限制值（见 6.1.2 节）。

图 8.3 显示了减少排放的主要元件。根据应用以及各种边界条件，还必须从基本概念出发，基于模拟和试验研究来选择附加的各种元件，例如：

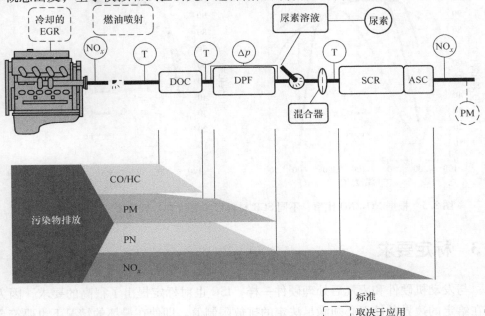

图 8.3　减少排放的主要元件（来源：AVL）

- 发动机熄火碳烟排放较高时，用于 DPF 监控的 PM 传感器。
- 即使在不利的条件下，也可用于激活颗粒过滤再生的 HC 计量盒。

同样，考虑到最多样化的边界条件，选择优化的 SCR 技术也与符合 ISC 要求极为相关。例如，铁沸石是用于非道路的成熟技术，但是相对于铜沸石，它们的低温反应性不足，这使其非常适合 ISC 要求，如图 8.4 和图 8.5（见彩插）所示。

1→3代表好→坏

系统特性	V/Ti/W	Fe/Z	Cu/Z	Fe/Z+Cu/Z
低温SCR性能	1	3	1	1
高温SCR性能	2	1	2	1
高温耐用性	3(<530℃)	2(<650℃)	1(<750℃)	2
低NO₂时的性能	1	3	1	1
高NO₂时的性能	3	1	2	1
耐硫性	1	2	3(需要DeSOₓ)	3
耐HC性	1	3(反相>600℃)	1	3
SCR成本	1	1	3	3
总PGM成本(DOC+ASC)	1	1	2	2
NO₂立法概况	2	1	2	2
NO₂立法概况	1	3	2	2

图 8.4　SCR 技术评估矩阵（来源：AVL）

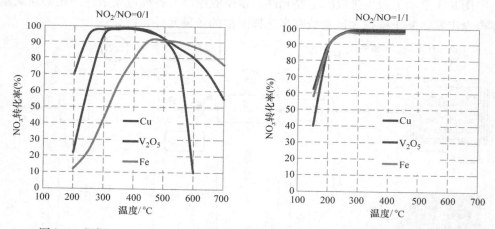

图 8.5　根据 NO_2/NO 比率，不同 SCR 材料可实现的 NO_x 转化率（来源：AVL）

8.3　标定要求

与发动机硬件和废气后处理硬件一样，ISC 也对标定提出了很高的要求，因为其在给定的边界条件下必须满足法定的排放限制值。即使在最坏的情况下也要符合限制值要求，例如低的环境温度、低的负荷谱和高动态的负荷谱。

从图 8.6（见彩插）基于各种 SCR 催化器材料的工作区域中不难看出，标定的主要挑战之一是提供合适的废气温度以有效地转化废气。其中包括提高废气温度以快速预热系统，并在以下条件下保持温度水平：

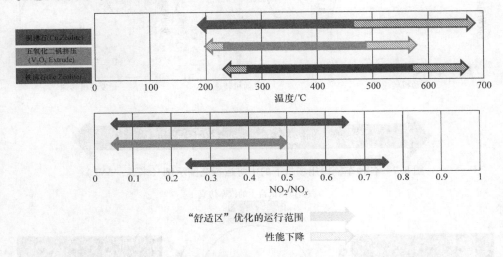

图 8.6　不同 SCR 材料优化的工作区域（来源：AVL）

- 冷起动后发动机预热。
- 低负荷运行，例如在城市中的走走停停。
- 再次冷却，例如长时间的怠速运行。
- 空载行驶，即发动机的平均功率较低。

此外，还必须考虑针对不同车辆类别的不同 ISC 要求。图 8.7（见彩插）显示了针对不同应用场景下的不同负荷谱的比较。可以看出，与长途应用相比，城市公交车应用的平均温度较低，必须相应地设计发动机硬件和废气硬件。

无论如何，重要的是不仅要在预期的主要运行范围内检验标定，而且还要在所有可能的边界条件下检验标定。为了使试验和标定工作量保持在限制范围内，很大一部分标定工作是在虚拟试验台（VTB）上进行的（图 8.8）。这是一个实时仿真环境，可以在给定的、自由选择的环境条件下实施试验循环。因此，相关的 ECU 设定值和校正功能可以相对轻松地更新。在后续步骤中，可以以较少的工作量在实际测试车辆上进行复杂的测试。

正如在前文中提到的，ISC 标定的主要任务之一是在所有状况下确保足够的废气温度。对此，有多种方法可以实现这一目标，具体取决于所选的硬件和标定策略（图 8.9）。标定措施的共同之处在于，加热措施通常会对油耗产生负面影响，因为一部分燃烧热会以焓的形式提供给废气系统。

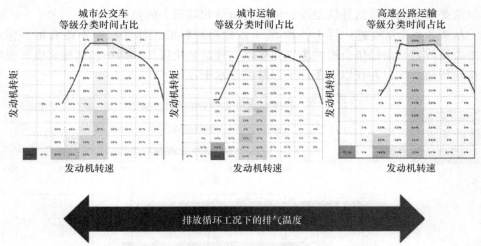

图 8.7　各种车辆应用场景下的中等运行范围示例（来源：AVL）

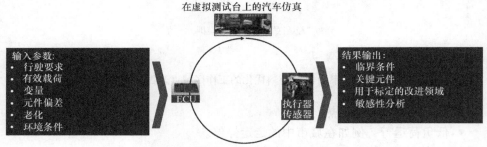

图 8.8　在虚拟测试台上进行 ISC 标定（来源：AVL）

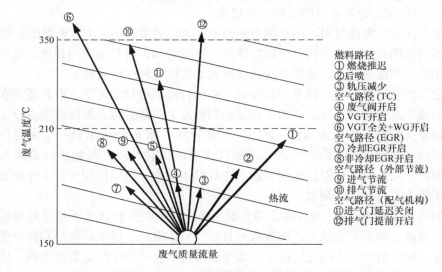

图 8.9　提高废气焓的各种硬件措施和标定措施（来源：AVL）

　　在此可以在与燃料路径有关的措施（例如，通过累积的后喷将燃烧重心向后推迟）和与空气路径有关的措施（例如，通过进气节气门节流）之间进行区分。除了影响油耗外，标定措施还对发动机原始排放（例如，增加的烟雾和 HC 排放）和发动机的耐久性（例如，燃油进入润滑油中、碳烟进入润滑油中）产生很大的负面影响。因此，在任何情况下都必须考虑到所有的折中（Trade - off）和限制，从而进行仔细而优化的协调。

　　图 8.10 有代表性地显示了进气节流或废气节流在一个运行工况点上对排气温度和其他相关测量参数（BSFC、废气质量流量、进气歧管压力）的影响。可以看出，相对于进气节流，废气节流可达到更高的废气温度。这是因为废气节流可以引起更高的气体交换功，而进气节流受进气系统中允许的真空度限制。

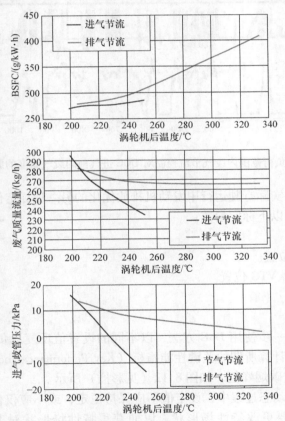

图 8.10　废气节流和进气节流的比较（来源：AVL）

　　图 8.11 显示了在动态试验期间，在较低部分负荷范围内废气节流控制对 DOC 进气前的废气温度的影响。即使在不利的 ISC 条件（环境温度低、负荷小）下，节流挡板也可以确保废气系统能够迅速达到所需200℃以上的温度。

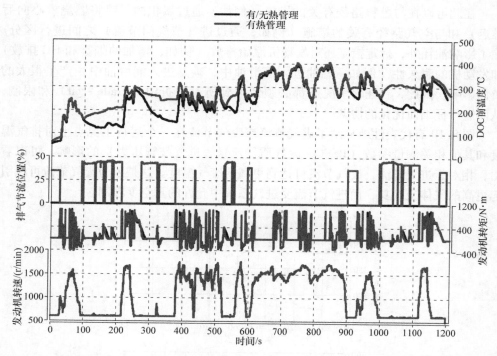

图 8.11　较低部分负荷范围内废气节流控制对 DOC 进气前的废气温度的影响（来源：AVL）

动态优化以及实际行驶运行中发动机排放优化的另一项标定任务是负荷跳跃的标定，例如考虑到以下标定参数：

- 碳烟限制。
- EGR 最小位置。
- 涡轮增压器 VTG 位置。
- 轨压补偿。
- SOI 补偿。

为了优化，第一步使用 DoE 方法，以不同的设置值反复以负荷跳跃运行。在下一步骤中，在线计算所谓的关键性能指标（Key Performance Indicator，KPI），例如 NO_x 累积排放或碳烟峰值，如图 8.12（见彩插）所示。

重要的是，在动态过程中，设定值不应保持恒定，或不应仅仅提供补偿（Offset）。相反，还需要更改特性场形状，以便获得特性场形状对 KPI 的影响信息。图 8.13（见彩插）显示了使用所谓的样条函数的特性场形状的变化，该函数将特性场分为三个区域，并为三个离散的特性场的值生成一个相应的、平滑的特性场形状。

最后，根据所获得的模型，可以生成满足所有 ISC 边界条件（例如 NO_x 累积）的优化标定。图 8.14 显示了在加速过程（Tip - In）中取决于输入参数变化的两个

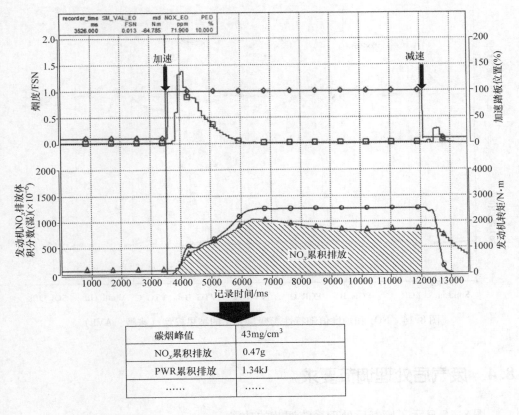

图 8.12　使用相关 KPI 计算的加速测量（来源：AVL）

动态 KPI（碳烟峰值和 NO_x 累积排放）的模型相关性。由此可以得出重要的发现，例如在不同负荷范围（A、B、C）中的 VTG 变化如何影响输出参数。

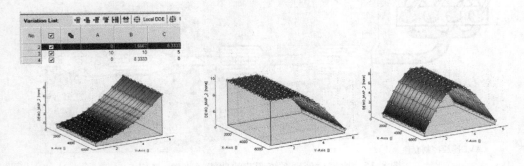

图 8.13　基于样条函数的动态优化的特征场变化（来源：AVL）

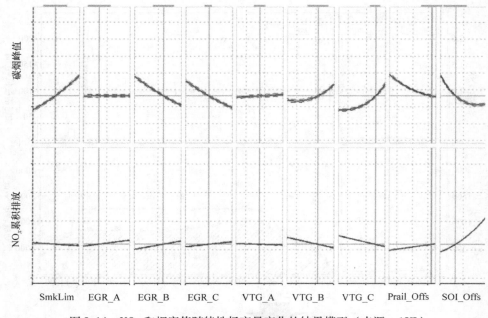

图 8.14 NOₓ 和烟度值随特性场变量变化的结果模型（来源：AVL）

8.4 废气后处理调节要求

图 8.15 显示了废气后处理系统调节的功能。

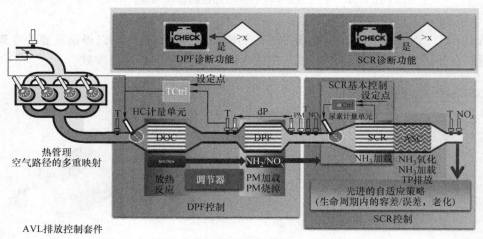

图 8.15 废气后处理系统调节的功能（来源：AVL）

不论 EGR 率是否较低，油耗优化的燃烧方案都要求用于 EUVI 的 SCR 废气后处理的氮氧化物的转化率超过 95%。在排放耐久性的周期内必须确保这些要求，对此，就需要基于模型的计量系统，其可以在行驶循环中计算和调节氨的存储量，这样就实现了必要的存储，以便在特定的运行工况点上获得足够的转换率。另外，也避免了尿素的过量。

为了确保每辆车的生命周期以及每辆车的高转换率，需要实现适配功能。其中，观察 SCR 系统的反应，从反应中获得 SCR 中转化质量的状态和尿素制备质量的状况。根据这些信息，相应的适配功能可以相应地调整剂量，从而确保最高的转化率而又不会发生氨泄漏。

8.5　鲁棒性和总体拥有成本

作为 ISC 检查的一部分，使用 PEMS 对现场的所有车辆进行测量。有必要开发出具有足够鲁棒性的系统，即使在生产公差和零部件老化的影响下也能取得积极的 ISC 试验结果。

大量的影响因素在开发方法方面给开发人员带来了挑战。对于常规的发动机试验台架或车辆试验台，实际上不可能通过大量测试运行来研究可变因素对排放的相互影响。这就需要新的、基于模型的开发方法。

具有鲁棒性的发动机配置的特点是，在外部和内部因素的影响下，其排放仍然不超标。通过将模型方法用于发动机和废气后处理，可以使用输入参数来改变这些因素。本质上，外部因素一方面是行驶循环的起始条件，例如基板温度以及液体温度或在 SCR 中存储的氨（NH_3）的含量；另一方面，外部因素意味着在行驶过程中影响发动机的所有因素，例如加速踏板的位置以及环境条件，如图 8.16 所示。

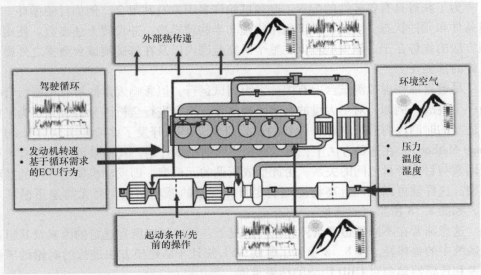

图 8.16　带外部影响因素的发动机模型（来源：AVL）

此外，还必须考虑可能会影响行驶循环下 ISC 试验结果的内部影响因素，例如来自涡轮增压器以及传感器的测量公差。催化器、冷却器和喷射元件等零部件会发生老化，或在运行时间内显示出漂移，如图 8.17 所示。

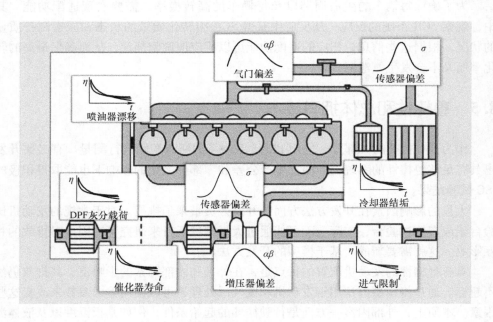

图 8.17　带内部影响因素的发动机模型（来源：AVL）

为了获得具有鲁棒性的配置，必须试验许多因素及其组合，例如行驶循环、环境条件和元件状态。为此，可以使用物理和半物理模型，并设置上述参数。使用物理方法的优势在于，该模型可以在整个研究范围内以及在基础测试台数据之外提供良好的预测性。

尽管可以在虚拟测试台上有效地组织测试运行，但影响因素的所有可能组合仍是一个挑战，例如，对于大量的影响因素而言，不宜进行全析因分析研究。为了能在适当的时间段内进行这种鲁棒性的试验研究，AVL 开发了多阶段方法（Multi - Stage Method）。在这种方法中，可以模拟连续的测试计划，其结果可以得出有关可变因素与目标变量之间的关系。由此生成所谓的元模型，即发动机模型环境的经验模型。这样就可以立即且高精度地确定目标变量的循环结果，而无需遍历循环本身，如图 8.18 所示（见彩插）。

这意味着在不同的边界条件和循环情况下，可以研究所有选定的因素及其组合在系统中的鲁棒性。图 8.18 显示了使用 AVL 统计车队建模方法进行的涡轮增压器偏差和传感器偏差对 OBD 影响的结果示例。

违反阈值的概率

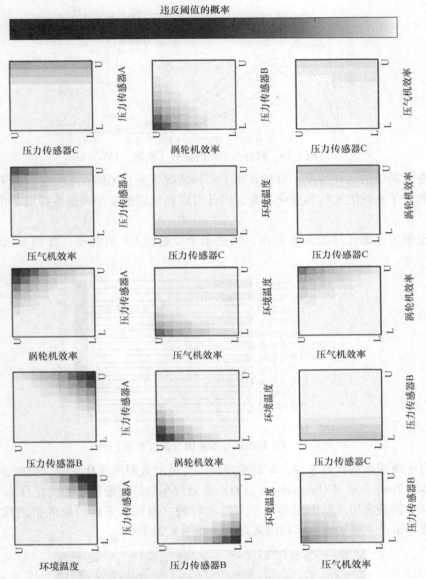

图 8.18　用于鲁棒性研究的 AVL 多阶段方法的结果（来源：AVL）

　　这就创建了一种方法，尽管影响因素众多，但它能确保 ISC 系统具有足够的鲁棒性，并确保整个使用周期内所需的行驶循环。

　　此方法的一个典型结果是生成待分析的目标参数的离散度，例如在 ISC 试验运行期间所有涉及法规排放的符合性系数百分位的 90%，如图 8.19（见彩插）所示。

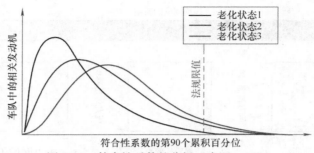

图 8.19　符合性系数的分析（来源：AVL）

根据系统的老化情况，分析表明了实际情况下超过 CF 的可能性。由于在该分析中构建了系统的元件和变化参数，因此可以显示超出某些阈值或特定老化状态的原因。

根据所考虑元件的公差范围，将显示 ISC 超过 CF 的概率，如图 8.20（见彩插）所示。

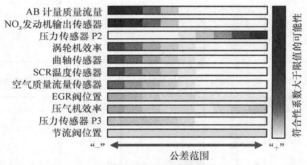

图 8.20　CF 超出的根本原因分析（来源：AVL）

对于商用车运营商来说，车辆的经济运行是最重要的优化参数。因此，总体拥有成本（Total Cost of Ownership，TCO）也是汽车制造商最重要的优化目标。

TCO 的最大组成部分是燃料、人员和管理。据此，采购价格的折旧成本以及维护成本也是主要的成本驱动因素之一，如图 8.21 所示。

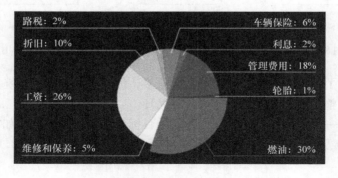

图 8.21　运营成本的分配（来源：AVL）

在 TCO 优化的框架范围内，基于上述的 AVL 统计车队建模方法，可以在 ISC 框架内选择系统组件。

传感器通常用于成本优化。这些传感器具有相当大的购置成本，易受公差影响，并且可能导致在使用中可靠性方面的问题。减少传感器使用数量的一种方法是对传感器信号进行建模，如图 8.22 所示。

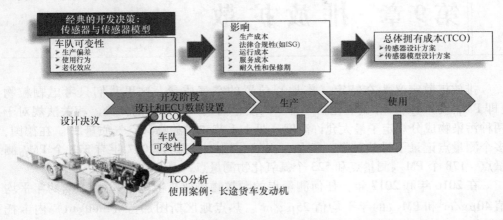

图 8.22　传感器方案设计的 TCO 链示例（来源：AVL）

用模型替换传感器可以节省数百欧元的生产成本。但是，关于诊断的模型可能会更复杂，这又会增加维护和保养成本。在标定时还必须考虑到相关特性，例如模型在所有运行区域中的准确性。这可以通过在 TCO 方面省略传感器来弥补产品成本的降低。

借助基于模型的开发环境，可以在开发的早期阶段优化系统鲁棒性方面的影响因素，并且可以评估实际使用全过程的 TCO。

参 考 文 献

1. Schüßler, M., Piffl, M., et al.: Real Driving – Robustheit im Feld durch virtuelle Entwicklungs-umgebung, Fortschritt-Berichte VDI, Reihe 12, Nr. 802, Band 2, p. 242–254 (2017)

第9章 排放扩散

排放扩散定义为在特定（本地）位置的空气质量。这里我们只考虑颗粒物（即 PM_{10} 或 $PM_{2.5}$）和氮氧化物（即 NO_2 质量当量）对空气的污染。相关法规对于两种污染物成分规定了最大允许浓度（见 1.1 节"排放物和空气质量"）。在德国，多个测量点记录了排放扩散。例如，文献 [1] 中提到，2017 年有 377 个 PM_{10} 测量点、178 个 $PM_{2.5}$ 测量点和 523 个氮氧化物测量点，总结结果如下：

在 2016 年和 2017 年，任何测量点的颗粒物排放扩散均未超过 PM_{10} 的年平均值 $40\mu g/m^3$ 和 $PM_{2.5}$ 的年平均值 $25\mu g/m^3$。热点地区斯图加特（Stuttgart）内卡托（Neckartor）是德国唯一的测量点，其 PM_{10} 在 2016 年和 2017 年分别有 58 次和 41 次的日平均值超过 $50\mu g/m^3$，而允许的次数是 35 次。截至 2018 年 11 月（含），当年该数值超过 20 次，分布在 1 月、2 月、3 月、4 月、10 月和 11 月。这意味着自 2005 年以来，该关键位置在 2018 年首次出现遵守粉尘限制值的好机会。

2016 年，NO_2 排放扩散在 144 个测量点（总计 519 个）超过年平均值，约占 28%；2017 年，NO_2 排放扩散在 111 个测量点（总计 523 个）超过年平均值，约占 21%。2016 年，2 个测量点超过小时平均限制值 $200\mu g/m^3$ 的次数超过了所允许的 18 次：在斯图加特内卡托为 35 次，在达姆施塔特（Darmstadt）的丘陵（Hügel）大街为 28 次。2017 年，未出现超出许可范围的情况（斯图加特内卡托为 3 次；达姆施塔特为 6 次）。

原则上，很难在各个排放源之间建立直接联系，例如内燃机和排放扩散，因为许多其他参数和边界条件对本地需测量的空气质量有很大的影响。下面以 PM_{10} 排放扩散为例进行说明。

图 9.1 显示了一个大城市中 PM_{10} 造成的空气污染示例。所谓的背景占排放污染的 50% 以上。这些因素通过地形、天气状况、建筑状况和整体交通状况对当地产生特殊影响。内燃机造成的比例（废气颗粒）无论是在直接来源（大约 6%）还是在背景中的比例（大约 1%）都是微不足道的。它包括汽油车和柴油车的所有颗粒物排放。造成这一现象的原因是发动机内部的措施，例如改进的喷射技术（压力和多次喷射）和增压技术以及 20 世纪初在柴油车中引入的颗粒物过滤器。未来，该颗粒过滤器也将在直喷式汽油机中引入。车辆的直接排放物，以及由于交通和天气而产生的沉积颗粒物的回旋，对空气质量的影响更大。如果要通过交通技

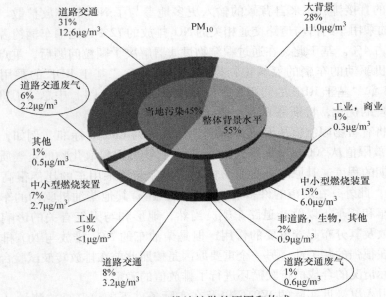

图 9.1　PM$_{10}$排放扩散的原因和构成

术措施进一步明显地减少颗粒物的排放扩散，那么在排气侧采取进一步措施几乎无济于事。原则上，一般的交通回避策略可以提供帮助。如果为此目的使用其他车辆，则柴油车与颗粒物相关的行驶禁令将仍然无效。因此，不应禁止某项技术，而是应该减少交通密度从而减少与交通相关的颗粒物排放扩散。

与颗粒物排放扩散相反，道路交通的排放，特别是柴油车的排放，是造成 NO$_2$排放扩散的主要原因（图 9.2）。

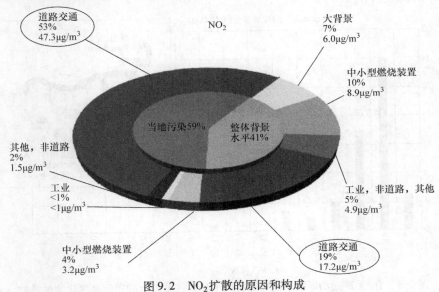

图 9.2　NO$_2$扩散的原因和构成

当地的直接排放比来自背景的输入更多地参与了 NO_2 的排放扩散。根据文献 [3]，柴油乘用车约占与道路交通相关的 NO_2 排放的72%，运输车辆约占19%，公共汽车约占4%。基于此，在通过颗粒物过滤器解决了颗粒问题后，重点显然在于减少柴油机驱动的车辆的氮氧化物排放。在第6章"基于 RDE 的乘用车方案设计"、第8章"基于 RDE 的商用车方案设计"以及文献 [4] 中总结了机内措施和废气后处理的优化，特别是 DeNO$_x$ 系统。

尽管将有害物限制值从 Euro 3 标准大幅收紧到 Euro 6 标准（例如，柴油乘用车 NO_x 排放限值从500mg/km 降到80mg/km），但涉及氮氧化物的空气质量并未改善到所预期的程度。其原因是交通的快速增长和柴油乘用车的比例很高（该领域约为1/3）；此外，在城市的许多建筑工地上，还有其他柴油机驱动的车辆，例如小型运输车和货车，以及非道路车辆。当然，地形和与天气有关的影响也对气态 NO_x 的排放及其分布起着重要的作用，但是柴油车的 NO_x 排放与 NO_2 排放扩散之间仍然存在很强的相关性。另一个重要原因是按照此前在排放转鼓试验台上按照并不接近实际情况的合成的行驶循环进行了排放值的确定。

通过引入更接近实际的 WLTC 以及在实际条件下的道路排放测量（RDE）并遵循限制值（对于 RDE，其存在符合性系数，见第2章"RDE 立法基础知识"），将显著改善空气质量。为了对此进行估计，应基于不同的场景进行仿真计算。

在文献 [8] 中，将紧凑型车辆的机内措施（喷射、充气、特性场优化）应用于 RDE，并且通过使用各种元件的组合（DOC – SCR 和 NSC – SCR）优化废气后处理。原则上仅使用已在批量生产中应用的技术，但这并不意味着该优化策略可作为改进解决方案。在斯图加特内卡托地区的城市行驶中使用这类车辆，就可以大大减少 NO_x 的排放（图9.3）。

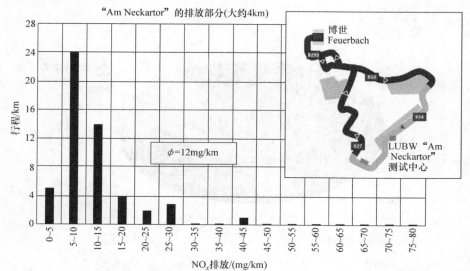

图9.3　有/无冷起动影响下斯图加特内卡托地区城市行驶期间氮氧化物的排放

　　根据这些认知，模拟一个具有极低限制值（所有乘用车均为 10mg/km）的场景（"接近零"）。参考场景 A 基于 2015 年内卡托的情况，年平均值为 $87\mu g/m^3$。根据图 9.4，使用一个所谓的化学箱模型进行模拟，并由 AVISO 公司实施。

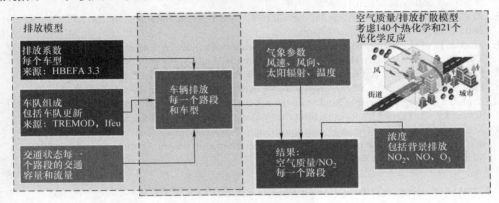

图 9.4　排放扩散成分的仿真示意图

　　斯图加特内卡托地区 NO_2 排放扩散的预测如图 9.5（见彩插）所示。在"接近零"的场景下，车辆特定份额在总量为 $22\mu g/m^3$ 的情况下仅占 20% 左右，明显低于欧盟允许的限制值（$40\mu g/m^3$）。非交通相关的城市背景排放扩散是主要的原因。

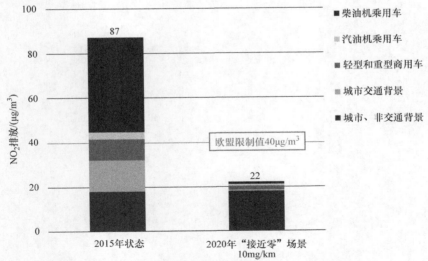

图 9.5　斯图加特内卡托地区 NO_2 排放扩散的预测

　　这再次表明，如果持续应用减少污染物的技术可能性，则即使在实际条件下，柴油机的排放也可以降至所有当前和可预见的限制值以下，而油耗以及 CO_2 排放不会增加。

参 考 文 献

1. www.Umweltbundesamt.de/Themen/Luft/Luftschadstoffe/Feinstaub%20oder %20Stickstoffoxide, Zugriff: 24.06.2018

2. Koch, T. et al.: Eine Bewertung des dieselmotorischen Umwelteinflusses, 10. Int. AVL Abgas- und Partikelforum 2018, Ludwigsburg

3. Mönch, L. et al.: Tagung Motorische Stickoxidbildung, HdT Essen, Ettlingen 2018

4. Tschöke, H. et al. (Hrsg.): Handbuch Dieselmotoren, 4. Aufl., Springer Vieweg, Wiesbaden 2018

5. Kufferath, A. et al.: Verbrauch im Einklang mit Realemissionen-Die Zukunft für den Diesel Pkw, 38. Internationales Wiener Motorensymposium 2017, Fortschrittsbericht VDI Reihe 12

6. Lahl, U.: Tagung Motorische Stickoxidbildung, HdT Essen, Ettlingen 2018

7. Schneider, C.: Tagung Motorische Stickoxidbildung, HdT Essen, Ettlingen 2018

8. Kufferath, A. et al.: Der Diesel Powertrain auf dem Weg zu einem vernachlässigbaren Beitrag bei den NO_2 – Immissionen in den Städten. 39. Internationales Wiener Motorensymposium 2018, VDI Fortschrittsbericht Reihe 12

第 10 章 颗粒物和 NO_2 对健康的真正危害

当前，NO_2 和颗粒物的限制值都是基于流行病学的研究，主要是观察性研究。世卫组织（WHO）和欧盟（EU）已资助了许多研究并成立了工作组，对结果进行总结，以便从中得出指导原则。

其中，比较了不同有害物排放扩散地区的发病率和死亡率。为了最小化其他影响因素（混杂因素），通常使用问卷调查来比较许多因素，例如年龄、性别、教育程度、收入、吸烟行为、伴随疾病等。

死亡率（主要归因于心血管疾病）与有害物污染之间通常存在正相关关系。总而言之，由此计算出的风险增加（RR）非常微弱，在元分析中约为 1.02。根据这些数字，然后使用数学上尚有疑问的方法推断出过早死亡或寿命缩短情况。例如，一个欧盟工作组计算得出，在德国，由于颗粒物污染，人均寿命缩短了 10.2个月，而 NO_2 每年会导致 6000 人过早死亡。

为了从相关性中找出因果关系，研究人员使用了各种准则，其中重点在于可再现性和连贯性（病理变化的合理性，病理生理学）。最有力的论据是假设是否通过了不一致性（证伪）的检验而幸存下来。然而，在这个主题的研究方法中甚至没有证伪研究。

根据流行病学数据，很容易证明 NO_2 和颗粒物的限制值没有科学依据；相反，其他数据清楚地表明，在限制值的计量范围内，没有出现生病或死亡率增加的危险。

可再现性

研究表明，有害物污染与许多疾病之间的相关性很弱。但也有负面的例子，其中高颗粒物污染与更长的寿命相关（例如在塞维利亚）。此外，在一项针对 30 多万人的大型跨国研究中，也未发现心血管死亡率频繁增加的现象。

所有这些结果表明，只是测量了或多或少类似的混杂因素。由于混杂因素比测量参数（如吸入式吸烟、高血压）高出 1000 倍，因此无法在统计计算中对其进行调整以使其消失。即使最大的混杂因素发生 1‰ 的变化，也可以解释研究中发现的风险增加。其他对预期寿命有重大影响的因素，如饮酒或体育活动，通常不会在研究中一起进行测量。因此，与低有害物污染地区相比，有害物污染地区生活方式的差异更有可能解释不同的风险。如果总是找到相同的混杂因素，那么也总是会找到相似的结果。

连贯性

吸入的有害物会引起肺部疾病，这在病理生理上是可以理解的或在生物学上是合理的。大多数肺部疾病甚至是由吸入物质引起的。有大量试验证据表明，刺激性气体和某些固体（如石英、石棉、过敏源等）会导致慢性支气管炎、哮喘或肺癌，这是最常见的肺部疾病。然而，这需要比 NO_2 或颗粒物的当前限制值高出 10^n 的剂量，尽管这不适用于过敏源的浓度。

但是，要证明排放扩散与肺病之外的疾病之间的联系要困难得多。有个别试验表明，通过颗粒污染可以释放自由基和介质体。这种激活也发生在许多生理生活环境中，例如体力消耗。

然而，就 NO_2 而言，联邦环境局目前的流行病学研究显示，为什么这种简单的分子会引发糖尿病，这完全是不合理的。由于气体具有高扩散速度，NO_2 实际上仅到达上呼吸道，并且由于它们在水中的溶解性，会立即在黏膜中水解。当吸入在限制值范围内的剂量时，NO_2 只会导致支气管黏膜的 pH 发生微小的变化，由于支气管黏液的缓冲作用，这实际上是测量不出的。仅仅是在 NO_2 污染较少的地区出现糖尿病的发病率较低这一事实就很有力地表明了未被认识到的混杂效应，因为没有关于为什么这种很低程度的酸化会引发复杂的糖尿病的假设。

顺便说一句，德国联邦环境局的当前研究显示了许多方法上的错误，这表明对数据的评估是非常单方面的。联邦新闻稿中提到，在所发现的心血管死亡率增加的情况下，故意将心脏病发作排除在死亡原因之外，这是因为早期研究仅显示其与 NO_2 的相关性较低。但现在，心脏病发作是心血管疾病中最常见的死亡原因。

证伪

对于许多可疑的环境风险，通常没有可靠的科学数据或病理生理解释来说明实际的风险。无论如何也会偶尔出现限制值，因为人们还想防范目前科学上无法可靠确定的潜在风险。

但是，对于 NO_2 和颗粒物，情况就完全不同了，因为恰好有一个对数百万人进行的大规模实验，拥有可靠的科学数据。这些结果清楚地驳斥了在低剂量范围内存在有害物排放扩散的风险的假设。针对吸入式吸烟，也有大量可靠的数据。众所周知，吸入式吸烟是目前存在的最大风险之一。超过 40 年"包年限"（超过 40 年，每天吸一包烟）的吸入式吸烟者的预期寿命会减少约 10 年。每 1/10 的吸烟者都会患肺癌，大约每 1/5 的长期吸烟者会患有慢性阻塞性支气管炎，并伴有阻塞（永久性气道狭窄）或肺气肿（肺表面积减小，COPD）。此外，香烟烟雾中的大量有毒物质会导致许多全身性疾病，如动脉硬化。

现在，香烟烟雾中含有非常浓的气溶胶。在主流烟雾中，实际上达到了 $25\,g/m^3$ 的浓度，即高出限值 50 万倍。同时，香烟也会产生大量的氮氧化物。首先是 NO，然后氧化为 NO_2，在主流烟雾中达到了 $1g/m^3$ 的浓度。在动物试验研究中，如此高的浓度无疑对支气管黏膜具有天然的毒性。吸烟者之所以能忍受这种情况，是因为来自香烟的主流烟雾被二次空气稀释了 20～100 倍。

吸入式吸烟者参与了一项针对 NO_2 和颗粒物污染的大规模长期试验研究。如果将流行病学研究中发现的风险转化为 NO_2 和颗粒物吸入的量，那么吸烟者都将在数周后死于各种可能的疾病。假定最坏的情况是，一个健康的不吸烟者 24h 暴露在 NO_2 和颗粒物污染的上限范围内。

这就是为什么对暴露在 NO_2 浓度值高达 $3000\mu g/m^3$ 的健康人的调查显示没有可测量效果的原因。工作场所的最大浓度相对较高，在德国为 $950\mu g/m^3$，在瑞士为 $6000\mu g/m^3$，如图 10.1 所示（见彩插）。

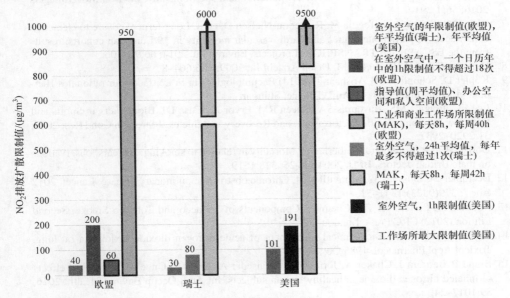

图 10.1　欧盟、瑞士和美国的排放扩散限制值的比较（来源：www. umweltbundesamt. de/themen/luft/luftschadstoffe/stickstoffoxide，Zugriff 03. 08. 2018；www. suva. ch/de – CH/material/ Richtlinien – Gesetzestexte/grenzwerte – am – arbeitsplatz – aktuellewerte/ #59317A47178F431595269A7BB5018B2A = % 3Flang% 3Dde – CH，Zugriff 03. 08. 2018；www. epa. gov/no2 – pollution/primary – national – ambientair – quality – standards – naaqs – nitrogen – dioxide，Zugriff 03. 08. 2018；https：//www. dieselnet. com/standards/us/ohs. php，Zugriff 09. 08. 2018）

人们总是不断重复地说，在有害物排放扩散方面存在线性的剂量 – 效应关系。即使是最小剂量，例如限制值的 1/10 也是很危险的。这绝不是合理的，因为没有已知的、无限制值的毒物。所发现的线性关系只能通过无法检测的混杂因素不大合理地去解释。

总而言之，令人惊讶的是，来自流行病学研究的数据具有重大的政治意义，尽管可以很容易并且很清楚地驳斥它们。在目前的 NO_2 和颗粒物限制值范围内，没有证据表明对人类存在风险。

参 考 文 献

1. https://www.aerzteblatt.de/archiv/64080/Studientypen-in-der-medizinischen-Forschung
2. http://www.euro.who.int/__data/assets/pdf_file/0006/78657/E88189.pdf
3. https://ec.europa.eu/jrc/en/news/air-quality-atlas-europe-mapping-sources-fine-particulate-matter
4. https://www.umweltbundesamt.de/sites/default/files/medien/479/publikationen/uba_factsheet_krankheitslasten_no2.pdf
5. Popper K (1934) Logik der Forschung. Julius Springer, Wien
6. Jurewicz J, Radwan M, Sobala W, Polańska K, Radwan P, Jakubowski L, Ulańska A, Hanke W. The relationship between exposure to air pollution and sperm disomy. Environ Mol Mutagen. 2015; 56(1):50–9.
7. Wang M, Beelen R, Stafoggia M, Raaschou-Nielsen O, et al. Long-term exposure to elemental constituents of particulate matter and cardiovascular mortality in 19 European cohorts: results from the ESCAPE and TRANSPHORM projects. Environ Int. 2014; 66:97–106.
8. Hammer GP, Prel JB, Btetter M. Dtsch Arztebl Int 2009; 106:664–8.
9. Köhler D, Schönhofer B, Voshaar T (2014) Pneumologie. Ein in Leitfaden für rationales Handeln in Klinik und Praxis, 2. Aufl. Thieme, Stuttgart
10. Lee EC, Fragala MS, Kavouras SA, Queen RM, Pryor JL, Casa DJ. Biomarkers in Sports and Exercise: Tracking Health, Performance, and Recovery in Athletes. J Strength Cond Res. 2017; 31:2920–2937.
11. Doll R, Peto R, Boreham J, Sutherland I. Mortality in relation to smoking: 50 years' observations on male British doctors. BMJ. 2004 Jun 26; 328:1519.
12. Decramer M, Janssens W, Miravitlles M. Chronic obstructive pulmonary disease. Lancet. 2012 Apr 7; 379(9823):1341–51.
13. Rodman A, Perfetti A. The Chemical Components of Tobacco and Tobacco Smoke, Second Edition (2012) CRC Press, London
14. Guth DJ, Mavis RD. Biochemical assessment of acute nitrogen dioxide toxicity in rat lung. Toxicol Appl Pharmacol. 1985 Oct; 81:128–38.
15. Brand P, Bertram J, Chaker A, Jörres RA, Kronseder A, Kraus T, Gube M. Biological effects of inhaled nitrogen dioxide in healthy human subjects. Int Arch Occup Environ Health. 2016; 89:1017–24.

第 11 章 展　望

11.1　RDE 法规Ⅳ

RDE 法规Ⅳ本质上涉及以下要点：
- 制定用于检查运行中车辆一致性的试验程序，即在线服务合规性（In Service Conformity，ISC）。
- 制定轻型商用车等的特殊规定。
- 检查燃料对 PN 排放的影响。
- 改进混合动力汽车的试验程序。
- 审查附加的 NO_x 测量不确定性。
- 审查标准化工具。

除了列出的要点，还在 RDE 法规Ⅳ工作阶段中创建了附加的 PEMS 指南和 Q&A 文档。在撰写本书时，所有所提及的主题领域仍在讨论中。最终的法律草案可能与此处讨论的状态有所偏差。

为了公平对待 RDE 测量方法和带有 WLTC 的新的检测方法，对 ISC 程序进行了完整的修订。根据较早产生的标准，废气排放和蒸发排放应遵守长达 5 年或 100000km 的规定。从 2020 年开始，每个制造商每年被许可车型的至少 5% 由批准机构进行试验。一般过程及其子步骤和相关各方如图 11.1 所示。

第一步包括数据收集和分析，以识别可能不符合要求的车辆，以及随后可能选择的 ISC 候选者，型式认证机构对此负主要责任。但是，制造商和第三方可以提供其他信息。第二部分包含实际的 ISC 试验过程，制造商必须至少确定试验类型 1（其他类型的试验，例如类型 6/4 可以自愿选择），以确定车辆是否能通过 ISC 试验。试验类型 I 可以在法规 2017/1151 的附件 XXI 中找到，并且包括对气态化合物的排放值、颗粒物质量和数量、CO_2 排放、燃料消耗、功耗和电气范围的测试。此外，审批机构每年必须通过认可的实验室进行适当数量的附加的 ISC 试验。如果接受试验的车辆不符合要求，则由审批机构和制造商在 10 天内对原因进行详细分析。在最长达 60 天的调查研究中，确定是否必须对 ISC 系列采取进一步的措施，以及

		主要职责	附加输入
ISC 元素	信息收集和风险评估	GTAA[①]	OEM，B类人员[③]
	ISC试验	GTAA通过授权的实验室和/或OEM[②]	OEM，B类人员通过授权的实验室
	合规性评估	GTAA和OEM	无
	补救措施	GTAA和OEM	无
	报告	GTAA	无

① GTAA：授予型式核准权。
② OEM：制造商。
③ B类人员→第三方(TP)：其他国家当局(TAA或其他当局)、环境或消费者协会(NGO)、城市、地区(REG)或欧洲委员会(EC)。

图 11.1   制造商和型式认证机构对 ISC 程序的初步义务（来源：IAV）

采取何种措施。最后，ISC 试验结果由审批机构发布并提供给公众。ISC 试验组必须区分废气排放组和蒸发排放组，而且必须在试验开始之前构建这个组。对于性能较差的车辆，还要额外检查 RDE 行驶条件，在出现异常时及时调整相应对策。对于具有特殊用途和多阶段批准的车辆，确定单独的规则。实施 ISC 试验的频率是根据风险评估方法确定的，对于 ISC 系列，该频率不应超过 24 个月。为了选择 ISC 试验车辆，需要填写一份调查问卷，以评估该车辆是否合适。

在本书编写结束之前，针对数据库进行的前期燃油试验研究尚未得出结论性的结果，应继续进行。由于仍允许使用重质燃料，因此 PN 排放仍会有所增加，应通过对 CF 进行可能的调整来解决。

所获得的经验应导致对 2017 年 1 月 26 日基于 RDE 的委员会公告进行调整："关于应用（EG）第 715/2007 号车辆型式批准规则，关于轻型乘用车和商用车排放（Euro 5 和 Euro 6）评估附加的排放策略和故障失效装置的指南"。最重要的变化是改变辅助排放策略（Auxiliary Emission Strategy，AES）的评估方法，因此 WLTP 规则不再仅在准则中提供。此外，AES 应在类型批准之前一年内接受，并通过新模板引入 100 页的限制。

使用先前有效的移动平均窗口方法和功率–合并方法进行的评估已经导致了不可接受的、许多无效的试验，并且出现了严重的、有时甚至是明显的偏差。此外，混合动力车辆将采用替代评估方法，但在理想情况下应避免这种评估方法。迄今为止应用的两种方法都不能为所有类型的车辆提供可靠的、结果一致的评估方法，因此，要对评估方法进行完整的修订。由于该草案尚未在本书编写结束之前发布，并且不能排除更改的可能性，因此本书将不会详细讨论这些变更。它通常设想将原始排放量归一化为 CO_2 排放的函数，使用起来更加简单。尽管如此，新开发的方法仍将在未来进行测试和调整以使其具有技术上的可用性。

本书编写结束之时尚未公布的法律草案规定将先前 NO_x 的最终符合性系数从 1.5 调整为 1.43，因为可以证明当前测量设备的测量偏差不超过 0.43。自 2016 年底以来，由于没有足够的可验证性的 PN - PEMS 设备的开发，因此不应对 PN 的 CF 进行调整，该值仍保持在 1.5。

RDE 法规Ⅳ的草案已于 2018 年年初完成，并于 2018 年 5 月 3 日在第 73 届机动车技术委员会（TCMV）会议上提交，用于最终投票。

11.2　动力总成方案

系统方法 NO_x CF << 1.5 和 PN CF < 1.5

在技术法规的可预见的和最终的扩展阶段，不仅要在实验室（废气转鼓试验台）中进行型式许可认证，还要在实际行驶条件、比当前定义更极端的气候环境条件以及公共道路上使用移动设备 PEMS 排放测量技术进行试验，以遵循法律上规定的 NO_x 排放和 PN 排放。图 11.2 描述了在生态和经济可持续性方面，在实际行驶要求下，对面向未来的内燃机的长期的、系统的要求。除了经典的开发，当地的零排放行驶正日益成为社会关注点，特别是在市中心区域。可以将零排放行驶的定义确定在一个技术上可测量的限制值上，且其排放限制值水平很低，以致对市中心区域的排放没有显著影响。

图 11.2　在实际行驶要求下，对面向未来的内燃机的长期的、系统的要求

不仅要在法律框架条件下的试验循环以及 RDE 法规下遵守型式许可限制值，而且在所有实际行驶情况下也要遵守。这也适用于被当前 RDE 法规所排除的那些使用场景。只有这样，柴油动力装置才能为减少 CO_2 排放做出可持续的贡献。因此，还应考虑结合市内运行中的极低负荷循环以及高速公路上的最大负荷循环的"数字"行驶方式。此外，未来的动力总成应具有满足比当前有效的 Euro 6 限制值

要求更高的限制值的潜力，并且与汽油机相比，排放量不应增加。这意味着所有内燃机在 NO_x 排放和 PN 排放方面将得到同等对待。

- 当地零排放行驶

为了持续降低污染特别严重的市内区域的排放扩散水平，动力总成应具有几乎零排放的运行潜力。例如，在内燃机驱动的情况下，可以在市内适当范围内通过插电式混合动力来实现。

- 最低的 CO_2 排放

在以生命周期为导向的总体评估中［即从油井到车轮（Well – to – Wheel）的排放加上生产和回收产生的排放］，CO_2 排放量必须低于电动机化的传动总成的排放量。通过混合动力化下较大的燃料消耗潜力，短期内可能会发生这种情况。由于在目前的电力结构下，新能源汽车的 CO_2 排放量仍然相对较高，因此，从中长期来看，需要使用再生燃料（如合成燃料、生物燃料、电子燃料），其动力总成的效率最大化也是必要的。

- 出众的行驶动力学和性能

从柴油机当前的市场份额以及所提到的进一步关注点来看，乘用车柴油机在 $90 \sim 120kW$ 的中等功率段作用较大。与电驱动相比，宽转速范围内的高转矩仍然非常重要，并要求进一步向低速拓展。如果柴油动力也实现电气化，则低速时的最大转矩在很大程度上是微不足道的，因此可以在涡轮增压器设计和发动机成本节约方面进一步提高自由度。

- 可销售的成本

与汽油机相比，柴油机在喷射系统、ANB、传感器和空气系统方面存在成本上的劣势。到目前为止，尽管柴油机存在成本上的劣势，但其销售对制造商而言仍是有利可图的，而且对最终客户来说也是经济可行的。为了实现 CO_2 排放目标，汽油机与柴油机的技术均应进行优化，应该特别是增压与直接喷射和无节流的负荷控制。然而，这些措施都会增加动力总成的成本。这两种发动机类型在减少 CO_2 排放以及各自与驱动系统相关的制造成本方面都显示出进一步优化的潜力。

11.3 国际化

欧盟（EU）是考虑乘用车和商用车在实际行驶条件下污染物排放的推动。通过法律法规的快速出台，从 Euro 6d Temp 阶段开始，实际行驶排放的审查和评估就成为 WLTP 型式批准的直接组成部分。很显然，通过采用或基于欧洲法规，对实际行驶排放的考虑将继续在全球范围内扩大，如中国、印度、日本和韩国正在进行初步讨论。

北美的情况有所不同。目前适用的 Tier3 和 LEV Ⅲ 法规已明确定义并包含一些反映实际行驶排放的元素。特别是 FTP75、US06、SC03 和 HFET 的行驶路谱考虑了不同的行驶方式和空调系统的使用。美国也构建了借助不超标（NTE）方法进行的在役合规性（In Use Compliance）试验，并且可以根据欧洲的经验进行调整。PEMS 测量设备的使用正在讨论中，并将与在废气实验室中已建立的测试方法以及替代的测量方法（如公共道路上的遥感）互相竞争。

参 考 文 献

1. Diskussionsunterlagen bezüglich RDE Paket IV, https://circabc.europa.eu/faces/ jsp/extension/wai/navigation/container.jsp?FormPrincipal:_idcl=FormPrincipal:_id1& FormPrincipal_SUBMIT=1&id=3e989049-5afa-45f5-a79c-0da8e074496e&javax.faces. ViewState=8Dc0bLIkfWexNH4mLKQTm0AHa2V91KTn8MrZMfif43178Ds90LO %2Bn1r1eFCAJmYX9WW5q7RU0ZVQv1kUY2HB3ACihZPwUF8VexrzAKInAZDkZ5cI5j QFWbcfPvNMEYrZiCcuj2LM7P80C%2BUDymDE9%2B4nFhhBuCSY50zVUg%3D%3D, Zugriff: 15.10.2017
2. Severin, Ch. et al.: Potential of Highly Integrated Exhaust Gas Aftertreatment for Future Passenger Car Diesel Engines, 38. Internationales Wiener Motorensymposium 2017

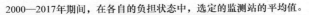

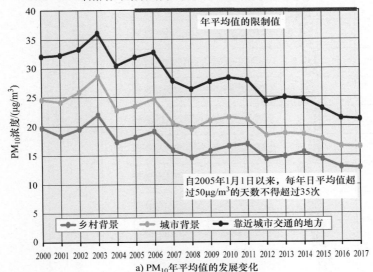

a) PM$_{10}$年平均值的发展变化

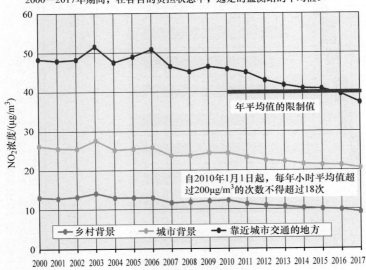

b) NO$_2$年平均值的发展变化

图 1.1　PM$_{10}$ 和 NO$_2$ 的年平均值，2000—2017 年选定的检测站的平均浓度值（来源：UBA）

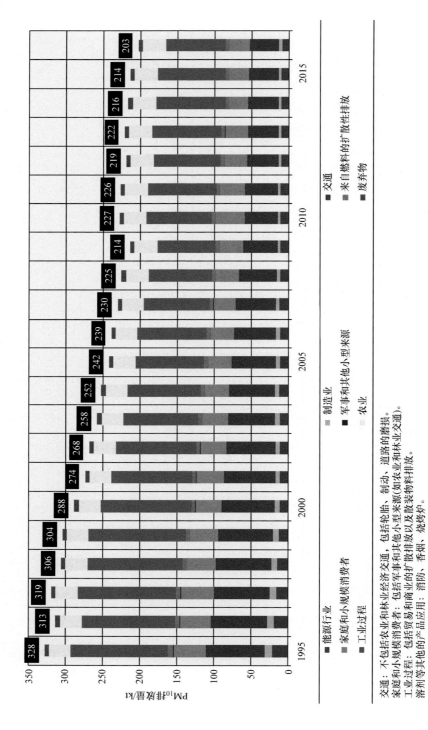

图 1.3 按来源类别划分的 PM₁₀ 排放的发展变化（来源：UBA）

交通：不包括农业和林业经济交通，包括轮胎、制动、道路的磨损。
家庭和小规模消费者：包括军事和其他小型来源（如农业和林业交通）。
工业过程：包括贸易和商业的扩散性排放以及散装物料排放。
溶剂等其他的产品应用：消防、香烟、烧烤炉。

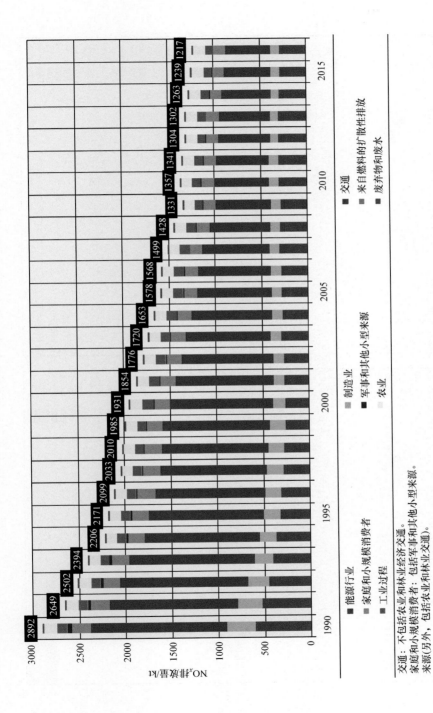

图 1.4 按来源类别划分的 NO_x 排放的发展变化（来源：UBA）

交通：不包括农业和林业经济交通。
家庭和小规模消费者：包括军事和其他小型来源。
来源（另外，包括农业和林业交通。

能源行业

家庭和小规模消费者

工业过程

制造业

军事和其他小型来源

农业

交通

来自燃料的扩散性排放

废弃物和废水

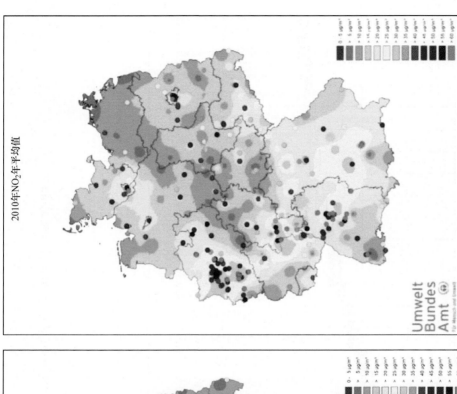

2010年NO₂年平均值

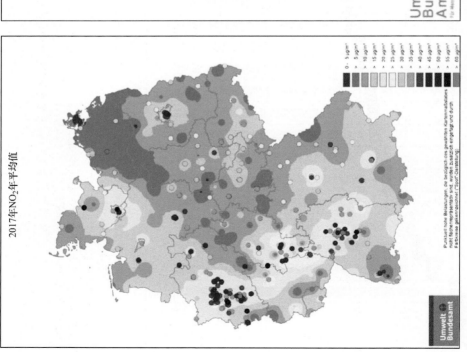

2017年NO₂年平均值

图 1.5 2010 年和 2017 年当地 NO₂ 年平均值的比较（来源：UBA）

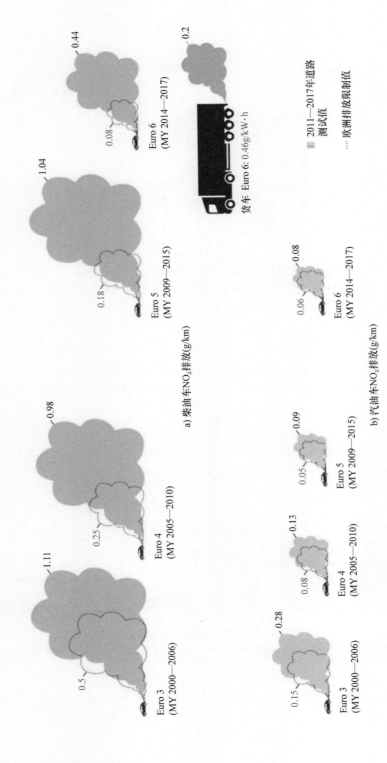

图 1.6 排放限制值与实际排放的比较（来源：ICCT Pocketbook 2016/2017 和 2017/2018）

0.44

0.08

Euro 6
(MY 2014—2017)

1.04

0.18

Euro 5
(MY 2009—2015)

0.98

0.25

Euro 4
(MY 2005—2010)

1.11

0.5

Euro 3
(MY 2000—2006)

a) 柴油车NO$_x$排放(g/km)

0.2

货车 Euro 6：0.46g/kW·h

0.08

0.06

Euro 6
(MY 2014—2017)

0.09

0.05

Euro 5
(MY 2009—2015)

0.13

0.08

Euro 4
(MY 2005—2010)

0.28

0.15

Euro 3
(MY 2000—2006)

b) 汽油车NO$_x$排放(g/km)

■ 2011—2017年道路
测试值

···· 欧洲排放限制值

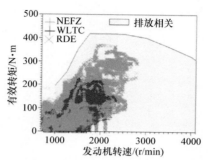

图 1.10　在柴油机乘用车的发动机特性场中 NEFZ、
WLTC 和 RDE 循环的运行范围示例（来源：IAV）

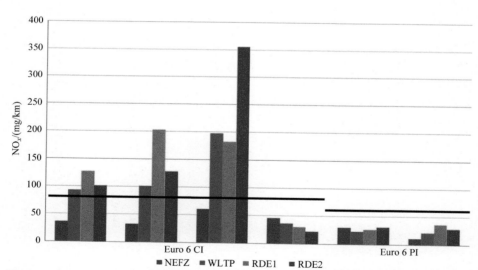

图 1.11　柴油机乘用车（CI）和汽油机乘用车（PI）与行驶循环相关的氮氧化物排放比较

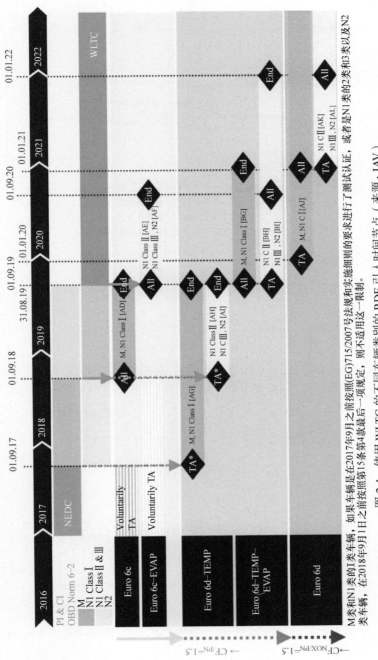

图 2.4　使用 WLTC 的不同车辆类别的 RDE 引入时间节点（来源：IAV）

M 类和 N1 类的 I 类车辆，如果车辆是在 2017 年 9 月之前按照（EG）715/2007 号法规和实施细则的要求进行了测试认证，或者是 N1 类的 2 类和 3 类以及 N2 类车辆，在 2018 年 9 月 1 日之前按照第 4 款最后一项规定，则不适用这一限制。

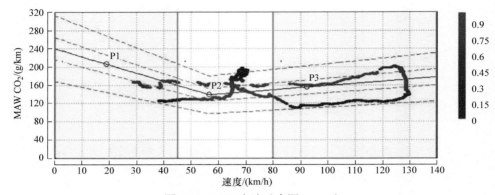

图 4.2　MAW 方法（来源：AVL）
注：颜色标尺对应于各个数据点的权重因子。

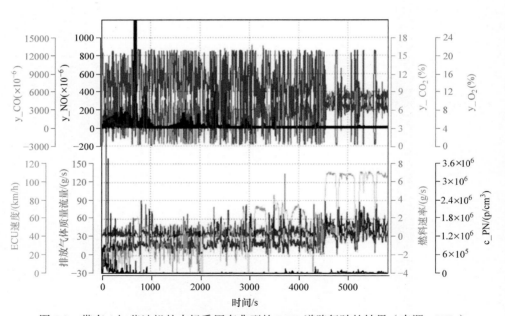

图 5.3　带有 4 缸柴油机的中级乘用车典型的 RDE 道路行驶的结果（来源：AVL）

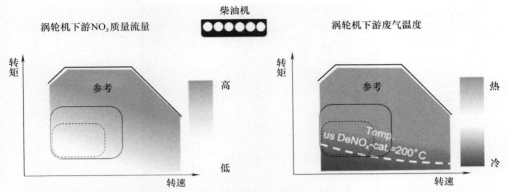

图 6.10 在发动机出口处的 NO_x 排放质量流量和废气温度以及已在实验室的型式认可中
进行测试的运行区域的典型特性场特征（来源：IAV）

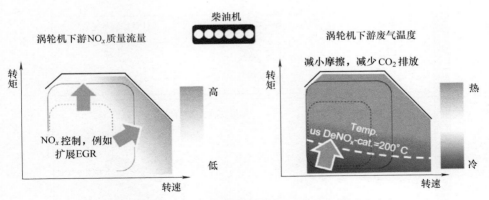

图 6.11 考虑与 RDE 相关的发动机运行状态的同时减少
NO_x 和 CO_2 排放的典型开发策略（来源：IAV）

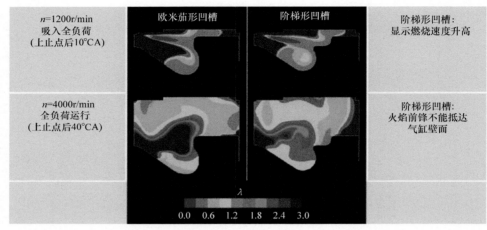

图 6.16 戴姆勒 OM651 与戴姆勒 OM654 的燃烧比较

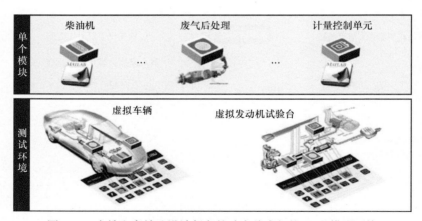

图 6.36 有效和高效地设计复杂的动力总成包的 CAE 模型环境

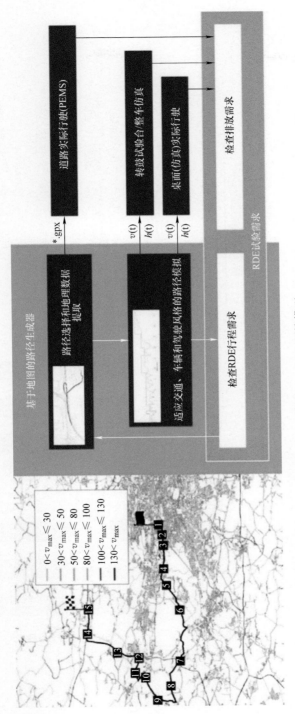

图 6.37　CAE 环境模型

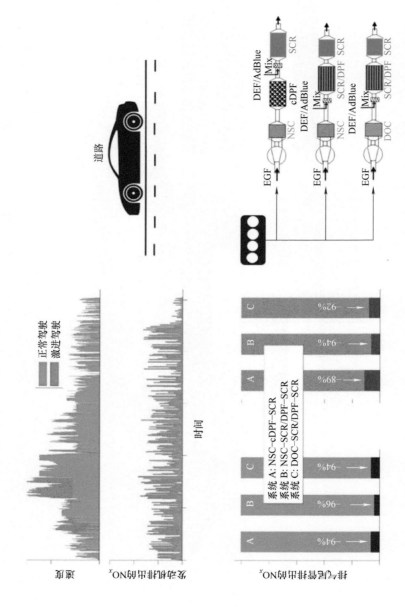

图 6.39　在 RDE 路线上使用 VCD 进行 ANB 方案仿真比较的结果（来源 IAV）

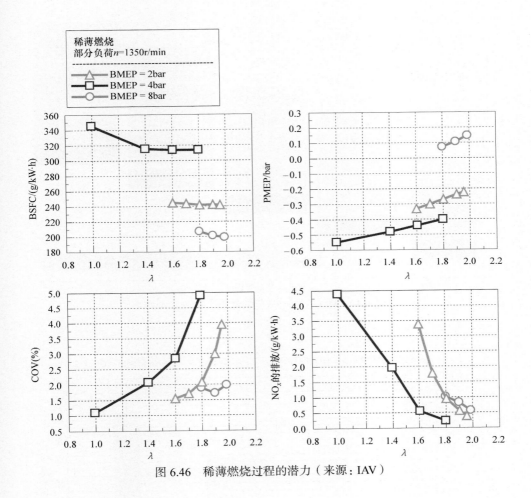

图 6.46 稀薄燃烧过程的潜力（来源：IAV）

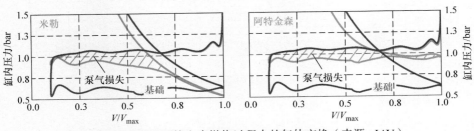

图 6.48 米勒和阿特金森燃烧过程中的气体交换（来源：IAV）

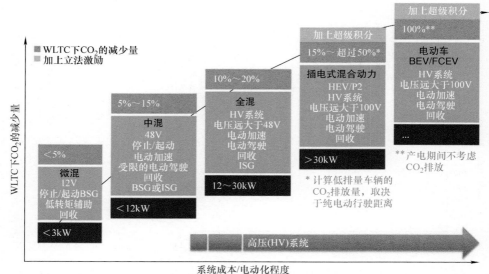

图 6.49 动力总成电气化的潜力（来源：IAV）

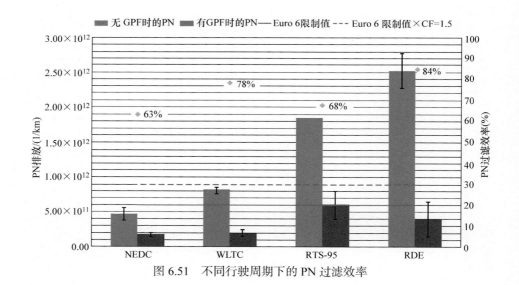

图 6.51 不同行驶周期下的 PN 过滤效率

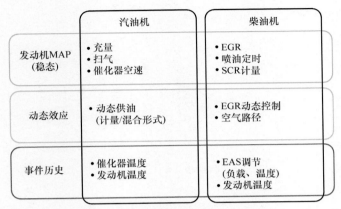

	汽油机	柴油机
发动机MAP (稳态)	• 充量 • 扫气 • 催化器空速	• EGR • 喷油定时 • SCR计量
动态效应	• 动态供油 (计量/混合形式)	• EGR动态控制 • 空气路径
事件历史	• 催化器温度 • 发动机温度	• EAS调节 (负载、温度) • 发动机温度

图 7.2　汽油机和柴油机的排放挑战

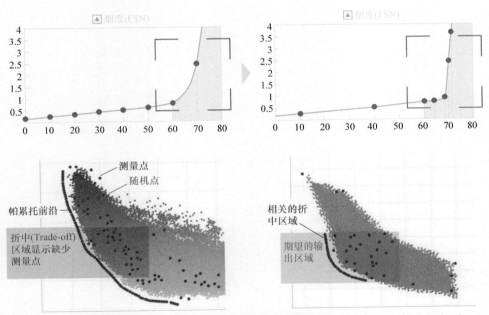

图 7.3　通过使用一个自适应的试验研究计划实现测量点分布的优化（来源：ANL）

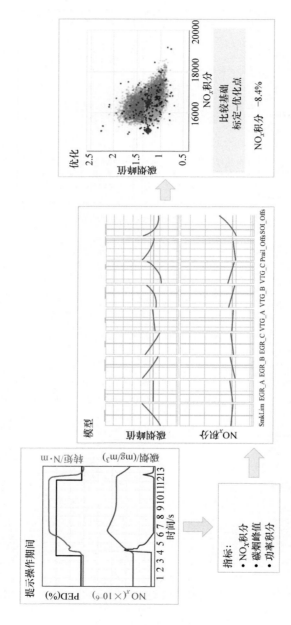

图 7.4　负荷跳跃时有害物排放的优化（来源：AVL）

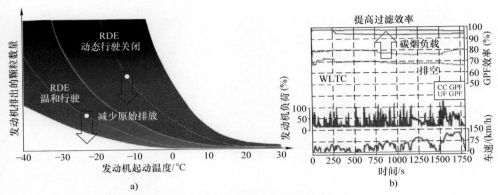

图 7.6　a) EU5 标准中颗粒数量原始排放水平 Euro 5
随低温和驾驶风格的变化；b) GPF 过滤效率潜力

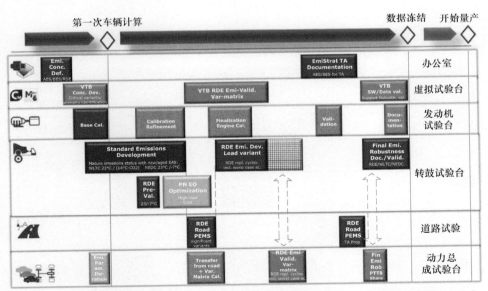

图 7.11　排放系列应用 RDE 测试环境分布概述，不包括 D/GPF 工作流程（来源：AVL）
注：橙色—柴油机专用，灰色—汽油机专用。

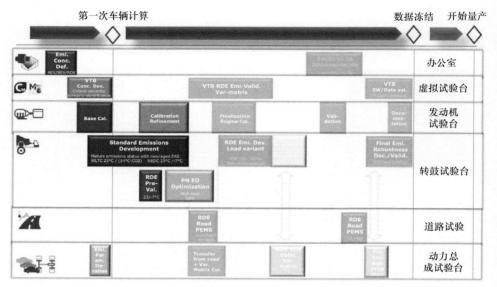

图 7.12　排放系列应用 RDE 流程概述 – 第 1 部分 – 基本设计（来源：AVL）

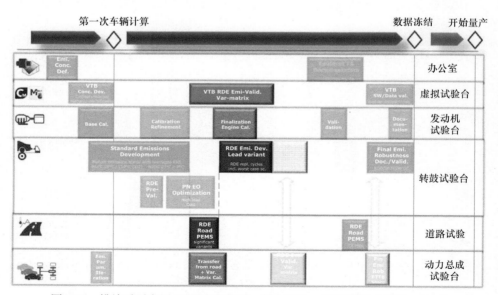

图 7.13　排放系列应用 RDE 流程概述 – 第 2 部分 – 精细匹配（来源：AVL）

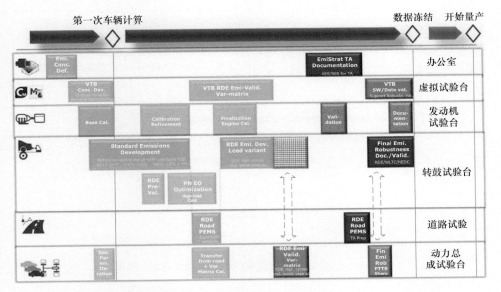

图 7.14　排放系列应用 RDE 流程概述 – 第 3 部分 – 量产验证（来源：AVL）

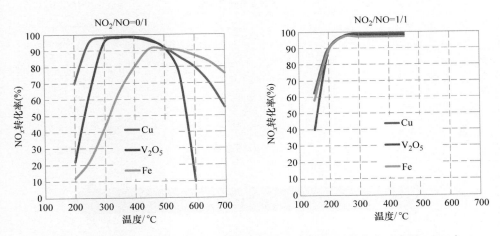

图 8.5　根据 NO_2/NO 比率，不同 SCR 材料可实现的 NO_x 转化率（来源：AVL）

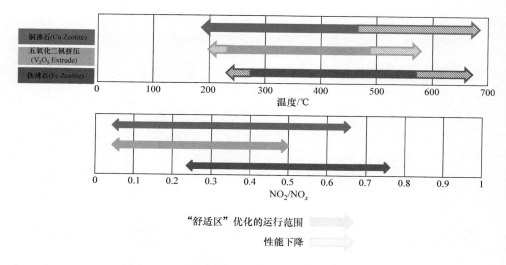

图 8.6 不同 SCR 材料优化的工作区域（来源：AVL）

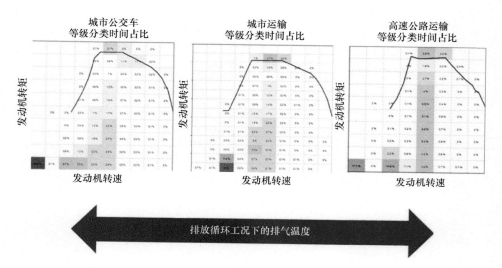

图 8.7 各种车辆应用场景下的中等运行范围示例（来源：AVL）

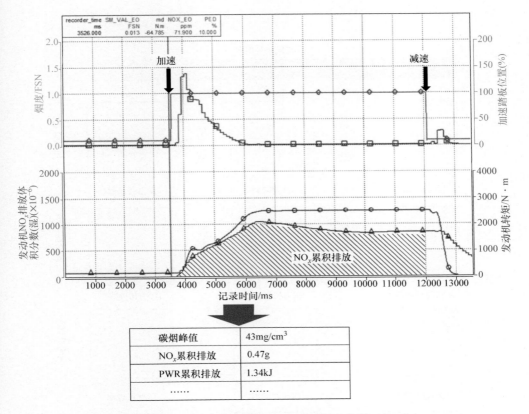

碳烟峰值	43mg/cm³
NO$_x$累积排放	0.47g
PWR累积排放	1.34kJ
……	……

图 8.12　使用相关 KPI 计算的加速测量（来源：AVL）

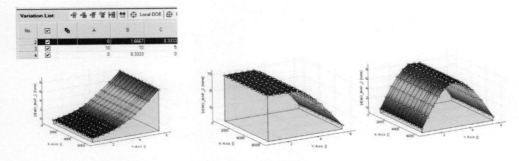

图 8.13　基于样条函数的动态优化的特征场变化（来源：AVL）

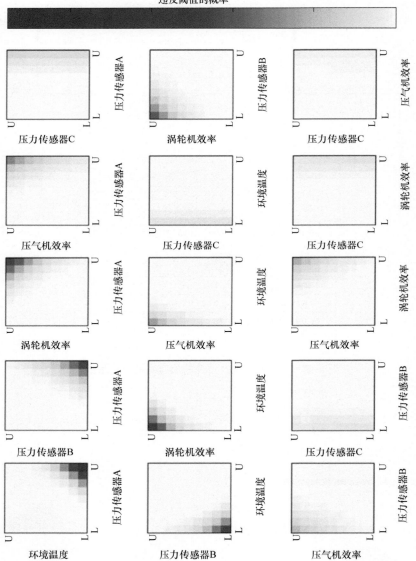

违反阈值的概率

图 8.18　用于鲁棒性研究的 AVL 多阶段方法的结果（来源：AVL）

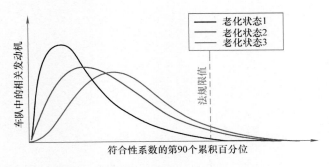

图 8.19 符合性系数的分析（来源：AVL）

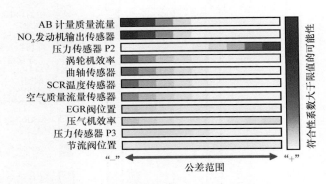

图 8.20 CF 超出的根本原因分析（来源：AVL）

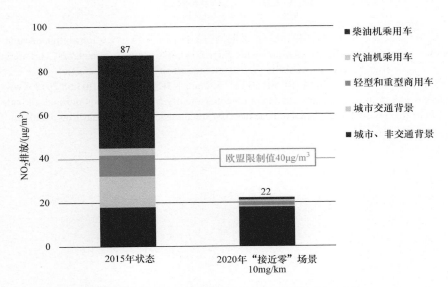

图 9.5 斯图加特内卡托地区 NO$_2$ 排放扩散的预测

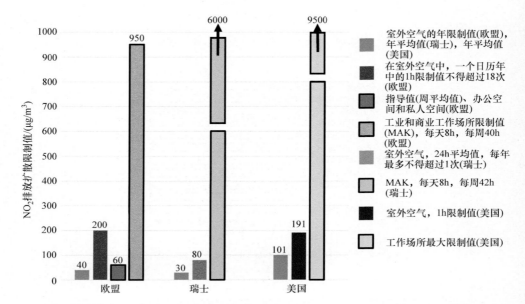

图 10.1 欧盟、瑞士和美国的排放扩散限制值的比较（来源：www.umweltbundesamt.
de/themen/luft/luftschadstoffe/stickstoffoxide,Zugriff03.08.2018;www.suva.ch/de-CH/material/
Richtlinien-Gesetzestexte/grenzwerte-am-arbeitsplatz-aktuellewerte/
#59317A47178F431595269A7BB5018B2A=%3Flang%3Dde-CH,Zugriff03.08.2018;www.
epa.gov/no2-pollution/primary-national-ambientair-quality-standards-naaqs-nitrogen-dioxide,
Zugriff03.08.2018;https: //www.dieselnet.com/standards/us/ohs.php,Zugriff09.08.2018)

机械工业出版社 | 汽车分社
CHINA MACHINE PRESS

读 者 服 务

机械工业出版社立足工程科技主业，坚持传播工业技术、工匠技能和工业文化，是集专业出版、教育出版和大众出版于一体的大型综合性科技出版机构。旗下汽车分社面向汽车全产业链提供知识服务，出版服务覆盖包括工程技术人员、研究人员、管理人员等在内的汽车产业从业者，高等院校、职业院校汽车专业师生和广大汽车爱好者、消费者。

一、意见反馈

感谢您购买机械工业出版社出版的图书。我们一直致力于"以专业铸就品质，让阅读更有价值"，这离不开您的支持！如果您对本书有任何建议或宝贵意见，请您反馈给我。我社长期接收汽车技术、交通技术、汽车维修、汽车科普、汽车管理及汽车类、交通类教材方面的稿件，欢迎来电来函咨询。

咨询电话：010-88379353　　编辑信箱：cmpzhq@163.com

二、电子书

为满足读者电子阅读需求，我社已全面实现了出版图书的电子化，读者可以通过京东、当当等渠道购买机械工业出版社电子书。获取方式示例：打开京东 App—搜索"京东读书"—搜索"（书名）"。

三、关注我们

机械工业出版社汽车分社官方微信公众号——机工汽车，为您提供最新书讯，还可免费收看大咖直播课，参加有奖赠书活动，更有机会获得签名版图书、购书优惠券等专属福利。欢迎关注了解更多信息。

四、购书渠道

编辑微信

我社出版的图书在京东、当当、淘宝、天猫及全国各大新华书店均有销售。
团购热线：010-88379735
零售热线：010-68326294　　88379203

推 荐 阅 读

书号	书名	作者	定价（元）
重磅图书			
9787111670094	节能与新能源汽车技术路线图 2.0	中国汽车工程学会	299.00
9787111710967	智能网联汽车创新应用路线图	国家智能网联汽车创新中心	129.00
9787111711742	面向碳中和的汽车行业低碳发展战略与转型路径（CALCP 2022）	中汽数据有限公司组编	299.00
9787111703310	汽车工程手册（德国版）第 2 版	（德）汉斯 - 赫尔曼·布雷斯等	499.00
9787111689089	汽车软件开发实践	（德）法比安·沃尔夫	159.00
9787111675860	基于 ISO26262 的功能安全	（德）薇拉·格布哈特等	139.00
9787111714309	智能网联汽车预期功能安全测试评价关键技术	李骏，王长君，程洪	199.00
9787111699835	智能座舱开发与实践	杨聪等	168.00
9787111703105	增程器设计开发与应用	菜根儿	168.00
9787111705437	轮毂电机分布式驱动控制技术	朱绍鹏，吕超	108.00
9787111702801	汽车产品开发结构集成设计实战手册	（加）曹渡	239.00
9787111684701	汽车性能集成开发实战手册	饶洪宇，许雪莹	199.90
9787111687184	以人为本的智能汽车交互设计（HMI）	（瑞典）陈芳，（荷兰）雅克·特肯	159.00
9787111661320	汽车仿真技术	史建鹏	249.00
中国汽车自主研发技术与管理实践丛书			
9787111691228	汽车整车设计与产品开发	吴礼军	366.00
9787111691280	汽车性能集成开发	詹樟松	338.00
9787111687313	乘用车汽油机开发技术	张晓宇	210.00
9787111691235	汽车智能驾驶系统开发与验证	何举刚	198.00
汽车先进技术译丛			
9787111548331	智能车辆手册（卷 I）	（美）阿奇姆·伊斯坎达里安	299.00
9787111548348	智能车辆手册（卷 II）	（美）阿奇姆·伊斯坎达里安	299.00
9787111592570	汽车人因工程学	（英）盖伊 .H. 沃克等	149.00
9787111662808	汽车软件架构	（瑞典）米罗斯拉夫·斯塔隆	149.00
9787111677970	汽车行业 Automotive SPICE 能力级别 2 和 3 实践应用教程	（德）皮埃尔·梅茨	139.00
9787111598985	智能网联汽车信息物理系统：自适应网络连接和安全防护	（美）丹达 B. 拉瓦特等	60.00